Ngoc Hung Le

Modélisation du comportement d'un mâchefer

Ngoc Hung Le

Modélisation du comportement d'un mâchefer

Caractérisation expérimentale et numérique du comportement d'un mâchefer d'incinération d'ordures ménagères

Presses Académiques Francophones

Mentions légales / Imprint (applicable pour l'Allemagne seulement / only for Germany)
Information bibliographique publiée par la Deutsche Nationalbibliothek: La Deutsche Nationalbibliothek inscrit cette publication à la Deutsche Nationalbibliografie; des données bibliographiques détaillées sont disponibles sur internet à l'adresse http://dnb.d-nb.de.
Toutes marques et noms de produits mentionnés dans ce livre demeurent sous la protection des marques, des marques déposées et des brevets, et sont des marques ou des marques déposées de leurs détenteurs respectifs. L'utilisation des marques, noms de produits, noms communs, noms commerciaux, descriptions de produits, etc, même sans qu'ils soient mentionnés de façon particulière dans ce livre ne signifie en aucune façon que ces noms peuvent être utilisés sans restriction à l'égard de la législation pour la protection des marques et des marques déposées et pourraient donc être utilisés par quiconque.

Photo de la couverture: www.ingimage.com

Editeur: Presses Académiques Francophones est une marque déposée de Südwestdeutscher Verlag für Hochschulschriften GmbH & Co. KG
Heinrich-Böcking-Str. 6-8, 66121 Sarrebruck, Allemagne
Téléphone +49 681 37 20 271-1, Fax +49 681 37 20 271-0
Email: info@presses-academiques.com

Produit en Allemagne:
Schaltungsdienst Lange o.H.G., Berlin
Books on Demand GmbH, Norderstedt
Reha GmbH, Saarbrücken
Amazon Distribution GmbH, Leipzig
ISBN: 978-3-8381-8985-7

Imprint (only for USA, GB)
Bibliographic information published by the Deutsche Nationalbibliothek: The Deutsche Nationalbibliothek lists this publication in the Deutsche Nationalbibliografie; detailed bibliographic data are available in the Internet at http://dnb.d-nb.de.
Any brand names and product names mentioned in this book are subject to trademark, brand or patent protection and are trademarks or registered trademarks of their respective holders. The use of brand names, product names, common names, trade names, product descriptions etc. even without a particular marking in this works is in no way to be construed to mean that such names may be regarded as unrestricted in respect of trademark and brand protection legislation and could thus be used by anyone.

Cover image: www.ingimage.com

Publisher: Presses Académiques Francophones is an imprint of the publishing house Südwestdeutscher Verlag für Hochschulschriften GmbH & Co. KG
Heinrich-Böcking-Str. 6-8, 66121 Saarbrücken, Germany
Phone +49 681 37 20 271-1, Fax +49 681 37 20 271-0
Email: info@presses-academiques.com

Printed in the U.S.A.
Printed in the U.K. by (see last page)
ISBN: 978-3-8381-8985-7

Remerciements

J'ai beaucoup appris à l'École Supérieure de Communication et de Transport de Hanoï au Vietnam et à l'Université de Marne-la-Vallée Paris-Est. Mais, je n'aurais pu achever cette thèse de Doctorat sans l'aide et le soutien de nombreuses personnes à qui je suis heureux d'exprimer mes profonds remerciements.

J'aimerais tout d'abord adresser toute ma reconnaissance à Monsieur ABRIAK Nor Edine, Professeur à l'École Nationale Supérieure des Mines de Douai et Monsieur BINETRUY Christophe, Professeur à l'École Centrale de Nantes, mes directeurs de thèse, pour m'avoir guidé, aidé et fait confiance pendant ces trois ans. Leur rigueur et leurs qualités scientifiques furent une grande source d'inspiration pour moi.

Je tiens à exprimer ma profonde gratitude à Monsieur BENZERZOUR Mahfoud, Maître de Conférence à l'École Nationale Supérieure des Mines de Douai, mon encadrant, qui n'a pas cessé de m'encourager et de me prodiguer ses précieux conseils tout au long de cette recherche.

Je souhaiterais remercier Madame KRAWCZAK Patricia, Professeur des Écoles des Mines et Chef de Département d'enseignement et de recherche « Technologie des Polymères et Composites & Ingénierie Mécanique » pour m'avoir accueilli dans son département et Monsieur DAMIDOT Denis, Professeur des Écoles des Mines et Chef de Département d'enseignement et de recherche « Génie Civil et Environnemental » pour m'avoir accueilli dans son équipe et également pour avoir participé à l'évaluation de ce travail en tant qu'examinateur.

J'adresse mes remerciements les plus sincères à Monsieur FORTIN Jérôme, Professeur à l'Université de Picardie Jules Verne, et Monsieur BERNARD Fabrice, HDR à l'INSA de Rennes, pour avoir accepté la lourde tâche d'être les rapporteurs de mon mémoire.

Je tiens ensuite à remercier Monsieur RIVARD Patrice, Professeur à Université de Sherbrooke au Canada, qui m'a fait l'honneur de présider mon jury, et Madame AIT MOKHTAR Khadîdja, Maître de Conférence à

1

l'Université des Sciences et de la Technologie Houari Boumediene en Algérie, pour m'avoir fait l'honneur de participer au jury de ma thèse.

J'exprime ma reconnaissance à Monsieur BOURGEOIS Emmanuel, à Monsieur RIOU Yvon, à Monsieur ZENTAR Rachid, à Monsieur BECQUART Frédéric et à Monsieur NGUYEN Mai Lan pour leur aide, leurs précieux conseils et leur gentillesse.

Je remercie également toute l'équipe technique, Messieurs POITIER Guillaume, D'HELFT Mickael, DUBOIS Dominique, BETRANCOURT Damien et en particulier Monsieur CAPPELAERE Christophe pour leur disponibilité et leur aide.

Je remercie aussi Monsieur DESSAUVAGE Patrick pour l'approvisionnement en matériaux.

Je remercie vivement Monsieur COMAS CORDONA Sébastien et mes amis KIMBONGUILA Adolphe, GINEYS Nathalie, GRONDIN Guillaume, FORT Cécile et BATAULT Frédéric qui m'ont aidé à corriger ce mémoire.

Je remercie chaleureusement tous mes collègues du laboratoire pour leur accueil, leur aide et leur soutien et plus particulièrement mes collègues thésards Adolphe, Éminence, Nathalie, Mohamed, Thanh, Thang, Wang, Idriss, Hassem, Hassan, Nassim, Raouf, Caroline, les deux Thomas, Erwan, Zhenfeng, Samira, Zri, Mohamad, Alexandra, Stéphane, Moussa. Tous m'ont permis de travailler dans d'agréables conditions.

Je tiens aussi à remercier les élèves-ingénieurs Adeline, Johanna, Rachid, Jamal qui ont contribué à cette thèse via les Projets de Découverte de la Recherche.

J'adresse mes remerciements les plus chers à Van pour son soutien, ses encouragements et sa joie de vivre. Cela m'a beaucoup touché.

Je remercie enfin ma famille et mes amis Trinh, Hau, Thuan, Hiep, Dung, Hien, Luong, Vien, Thanh, Thang, Tuan, Dung, Ha, Trung, Ha, Tuan, Linh pour leur indispensable et chaleureux soutien tout au long de ces années de thèse.

Merci à Tous !

Résumé

Les mâchefers sont les résidus solides issus de la combustion des ordures ménagères dans des fours d'usine d'incinération. L'utilisation des mâchefers dans le domaine du Génie Civil est une voie de valorisation très intéressante. En effet, alors que la quantité d'ordures ménagères est de plus en plus importante, les matériaux utilisés dans les travaux publics se raréfient. Bien que les mâchefers soient utilisés depuis des dizaines d'années dans le domaine du Génie Civil, les caractéristiques mécaniques du matériau « mâchefer » ne sont pas très bien connues. Ce travail de thèse contribue à l'amélioration des connaissances des caractéristiques mécaniques des mâchefers.

Après une caractérisation géotechnique (paramètres de nature, paramètres mécaniques, paramètres d'état), chimique et environnementale, le potentiel d'utilisation de ces mâchefers a été évalué selon la Circulaire du 9 mai 1994 et selon le Guide technique SETRA-LCPC 2000 « Réalisation des remblais et des couches de forme ».

Dans la partie expérimentale de la thèse, les essais œdométriques et triaxiaux ont été effectués. En ce qui concerne les essais œdométriques, l'effet de l'énergie de compactage, de l'immersion des éprouvettes ainsi que de la vitesse de chargement ont été évalués. L'effet de la vitesse de chargement a également été évalué par des séries d'essais triaxiaux. Les essais triaxiaux ont, quant à eux, permis de déterminer les paramètres mécaniques comme le module de Young, le coefficient de Poisson, l'angle caractéristique, l'angle de dilatance, la cohésion et l'angle de frottement. Ces paramètres mécaniques propres au mâchefer étudié pourront être intégrés dans un schéma de dimensionnement spécifique aux structures de chaussées à base de mâchefers. Ces principaux paramètres permettent d'évaluer l'influence de la pression de confinement effective. L'évolution du module de déformation selon la déformation axiale et la variation du déviateur de pression selon la pression moyenne ont également été étudiées. Un ensemble des points d'état limite a été déterminé à partir des essais triaxiaux et il représente significativement la forme de la surface de charge de ce type de mâchefer.

Enfin, les essais triaxiaux ont été simulés. Cette partie contribue à la modélisation du comportement mécanique des mâchefers. Le modèle de Mohr-Coulomb et de Nova ont été choisis pour caractériser l'évolution du matériau « mâchefer » sous l'effet d'actions mécaniques extérieures. Ce sont des exemples types de modèles de comportement des sols complètement identifiables uniquement sur des essais triaxiaux classiques. La simulation des essais triaxiaux a été réalisée à l'aide du progiciel CESAR-LCPC. Les résultats de modélisations obtenus à l'issu de ce travail sont très prometteurs.

Mots clés : mâchefer, valorisation, technique routière, hétérogénéité, module d'élasticité, surface de charge, œdométrique, essai triaxial, simulation numérique, loi de comportement.

Abstract

Bottom ash is the solid residua issue of domestic waste combustion in the furnace of incineration factory. The utilization of bottom ash in the field of Civil Engineering is necessary because the municipal wastes are increasing causes many environmental problems while the materials of Civil Engineering dwindle. The bottom ash was used for a decade in the field of Civil Engineering; however the mechanical characteristics of material "bottom ash" are not very well known. This work of thesis contributes to improving knowledge of the mechanical characteristics of bottom ash.

After the determination of the geotechnical characteristics (parameters of nature, mechanical parameters, parameters of state), chemical and environmental characteristics, the potential of use of these bottom ash was evaluated according to the « Circulaire de 9 Mai, 1994 » and according to the technical guide SETRA-LCPC 2000 « Réalisation des remblais et des couches de forme ».

In the experimental part, oedometric and triaxial tests were carried out. For oedometric tests, the effect of compaction energy and immersion of specimens as well as loading rate of the test were evaluated. The effect of loading rate was also evaluated by sets of triaxial tests. From the triaxial tests, the mechanical parameters such as the Young's modulus, the Poisson's ratio, the characteristic angle, the dilatancy angle, the cohesion and the friction angle were determined. These own mechanical characteristics of studied material will be able to be integrated in a diagram of dimensioning specific into the roadways structures based on bottom ash. The studied principal parameters allow us to evaluate the influence of the effective confining pressure. The evolution of the deformation modulus according to the axial deformation and finally, the variation of the deviator stress according to the mean effective pressure were also analyzed. A set of points of yielding state was determined from triaxial tests and it represents significantly the shape of yielding surface of our bottom ash.

Finally, the triaxial tests were simulated. This part contributes to modelling the mechanical behaviour of bottom ash. The model of Mohr-

Coulomb and Nova were chosen to characterizing the evolution of material "bottom ash" under the influence of external mechanical actions. These are typical examples of soil models completely identifiable only on traditional triaxial tests. The simulation of triaxial tests was carried out using CESAR-LCPC software. The modeling results are very promising.

Key words: bottom ash, valorization, road engineering, heterogeneity, modulus of elasticity, yielding surface, oedometric, triaxial test, numerical simulation, law of behaviour.

Table des matières

Introduction générale

Les mâchefers sont des sous-produits issus de processus d'incinération d'ordures ménagères. Ils se composent principalement de verre, de métaux ferreux et non ferreux, de céramique, de minéraux, d'autres composés non combustibles et de résidus de matières organiques [Chimenos J. M. et al., 2000; Bethanis S. et al., 2002; Chimenos J. M. et al., 2003; Guimaraes A. L. et al., 2005; Qiao X. C. et al., 2008; Chen C. H. et al., 2007]. Les mâchefers représentent 25 à 30 % en masse et 10 % en volume des déchets incinérés [Maria A., 2004; Caroline C., 2000; Joar K. O. et al., 2005; Ibanez R. et al., 2000; Chimenos J. M. et al., 1999; Chimenos J. M. et al., 2000; Lionel C., 1996]. La production des mâchefers augmente chaque année et les préoccupations principales des producteurs de mâchefers concernent la limitation de l'impact environnemental et le choix des voies de valorisation potentielles.

En France, près de 3 millions de tonnes de mâchefer sont produites chaque année [ADEME ITOM, 2004; ADEME ITOM, 2006; ADEME ITOM, 2008; Lapa N. et al., 2002]. Il faut, de plus, noter que la production des mâchefers ne cesse d'augmenter [Boisseau P., 2001]. Celle – ci soulève des préoccupations pour les producteurs de mâchefers. En effet, la solution de mise en dépôt à terre a été prise en compte mais s'avère trop coûteuse car elle nécessite une surface importante, des frais de transport... Par ailleurs, les métaux lourds et les matières organiques contenus dans les mâchefers peuvent engendrer une dispersion vers les eaux souterraines et dans l'environnement ce qui va l'encontre du contexte législatif français, européen et international qui prône au contraire une plus grande protection de l'environnement. Dans ce contexte, la valorisation des mâchefers dans le respect des critères techniques, environnementaux et économiques est une solution intéressante.

Actuellement, les mâchefers sont utilisés en grande majorité dans le domaine du Génie Civil (80 %) [ADEME BRGM, 2008]. D'ailleurs, la valorisation des mâchefers peut intéresser plusieurs domaines tels que la production de verre, de verre-céramique, de céramique, de ciment et de béton.

En France, la consommation annuelle des granulats en Génie Civil s'élève à environ 400 millions de tonnes dont 96 % sont d'origine naturelle [UNICEM, 2005]. Il faut, toutefois, noter que les ressources en granulats se raréfient et la réglementation actuelle sur l'ouverture de nouvelles carrières est, quant à elle, de plus en plus rigide. Par contre, le recyclage des mâchefers comme matériaux de substitution peut constituer une alternative susceptible de combler le déficit en matériaux de construction en particulier dans le domaine routier.

Le domaine routier consomme, en effet, une quantité importante de granulats [UNPG, 2007] avec différentes propriétés mécaniques. Les mâchefers sont utilisés pour la réalisation de remblais et couches de chaussées, de pars de stationnement et d'assainissement [ADEME BRGM, 2008]. En France, l'utilisation des mâchefers a débuté dans les années 50 [Badreddine R. et François D., 2008]. Bien que de nombreuses études portant sur l'aspect environnemental aient été réalisées, peu d'études ont été menées sur le comportement mécanique des mâchefers. Leurs utilisations reposent essentiellement sur la base de considérations empiriques, par analogie à d'autres matériaux pulvérulents. Les phénomènes mécaniques plus au moins complexes liés aux mâchefers comme l'élasticité (linéaire et non linéaire), la plasticité, le phénomène de gonflement et de tassement, l'anisotropie, la dilatance sous cisaillement, la liquéfaction, le comportement cyclique… ont été très partiellement étudiés.

Par cette étude, nous souhaitons modéliser le comportement mécanique des mâchefers à l'aide de lois de comportement. Le mâchefer étudié provient de la Plateforme de recyclage de la société PréFerNord (Fretin – France). Dans cette plateforme, un pré-traitement de ces mâchefers a été réalisé afin de les calibrer (criblage, enlèvement des éléments ferreux et non ferreux). Au final les mâchefers utilisés ont une taille comprise entre de 0-20 mm. Outre ce pré-traitement, les mâchefers ont subi une maturation pendant 3 mois. Des essais d'identification ont permis de classifier ce type de mâchefer selon la Circulaire du 9 mai 1994 et le Guide technique SETRA-LCPC « Réalisation des remblais et des couches de forme ». Les essais œdométriques aident à mieux comprendre les caractéristiques de compressibilité ainsi que l'effet de l'énergie de compactage, de l'immersion des éprouvettes et de la vitesse de chargement de l'essai. L'effet de la vitesse de chargement est étudié par des séries d'essais triaxiaux. Grâce aux essais triaxiaux, les paramètres mécaniques comme le module de Young, le coefficient de Poisson, l'angle caractéristique, l'angle de dilatance, la cohésion et l'angle de frottement ont été déterminés. Ces paramètres mécaniques propres au mâchefer étudié pourront être intégrés dans un schéma de dimensionnement spécifique aux structures de chaussées à base de mâchefers. Les résultats des essais triaxiaux couplés avec les résultats des essais d'identification et des essais œdométriques de ce type mâchefer permettent d'aller plus loin, en orientant le choix vers un modèle de comportement adapté au matériau granulaire « mâchefer ». Les modèles de Mohr-Coulomb et de Nova [Bernard F., 2003] ont été choisis pour modéliser le comportement mécanique des mâchefers. La simulation des essais triaxiaux a été effectuée à l'aide du progiciel CESAR-LCPC.

L'étude menée dans le cadre de cette thèse dans le département Génie Civil et Environnemental et le département Technologie des Polymères et Composites & Ingénierie Mécanique de l'École des Mines de Douai porte donc sur la valorisation des mâchefers en technique routière. L'objectif de ce travail consistait à la contribution à la modélisation du comportement mécanique des mâchefers. Ce mémoire comporte 8 chapitres :

Dans le premier chapitre, un panorama général sur les mâchefers a été abordé. Les dispositions réglementaires concernant les mâchefers ainsi que les connaissances relatives à leur origine, leur production et leur gestion sont présentées. La composition et les caractéristiques des mâchefers sont décrites en détail. En fonction de ces caractéristiques, les domaines d'application des mâchefers sont exposés. Le retour d'expérience sur le comportement des mâchefers contribue aux connaissances des mâchefers.

Le chapitre 2 est consacré à quelques rappels généraux concernant le comportement rhéologique des sols. Il représente un certain nombre de modèles de comportement de sol afin de représenter le comportement des sables et des argiles. Ce chapitre présente notamment les équations des modèles de comportement de Mohr-Coulomb, Nova et Vermeer. Ces trois modèles ont, par ailleurs, été introduits dans le progiciel par éléments finis CESAR-LCPC.

Dans le chapitre 3, un bref rappel sera abordé sur la valorisation des mâchefers dans le domaine du Génie Civil. Les objectifs et des démarches adoptés dans la thèse sont également précisés.

Au chapitre 4, l'étude expérimentale est consacrée à l'identification des matériaux étudiés. L'objectif consiste à déterminer les caractéristiques géotechniques, chimiques et environnementales. Ces paramètres permettraient de classifier des mâchefers étudiés selon la Circulaire du 9 mai 1994 et le « Guide technique pour la réalisation des remblais et des couches de forme ».

Dans le chapitre 5, des essais œdométriques ont été réalisés. Les résultats de ce type d'essai permettront d'évaluer les caractéristiques de compressibilité des mâchefers ainsi que l'effet de l'énergie de compactage, de l'immersion des éprouvettes et de la vitesse de chargement sur les essais.

Au chapitre 6, nous présentons les essais triaxiaux effectués. Les résultats de ces essais permettront d'évaluer l'effet de la vitesse de chargement et de déterminer les paramètres mécaniques. L'influence de la pression de confinement effective, l'évolution du module de déformation selon la déformation axiale ainsi que la variation du déviateur de pression selon la pression moyenne sont également étudiées. Un ensemble des points d'état limite va être déterminé à partir des essais triaxiaux.

Dans le chapitre 7, les essais triaxiaux sont modélisés suivant la loi de Mohr-Coulomb. Les résultats des essais triaxiaux précédemment au chapitre 6 seront utilisés. La simulation des essais triaxiaux est réalisée à l'aide du progiciel CESAR-LCPC.

Dans le chapitre 8, les essais triaxiaux sont modélisés suivant la loi de Nova à l'aide du progiciel CESAR-LCPC. Il a été choisi d'utiliser en tant que données d'entrés les résultats issus des essais triaxiaux drainés avec une phase de déchargement-rechargement.

Une dernière partie vient conclure ce travail et propose quelques perspectives.

Partie I
Synthèse bibliographique

Chapitre 1
État des connaissances des mâchefers

1.1 Présentations des mâchefers

Les Mâchefers d'Incinération d'Ordures Ménagères (MIOM) sont les résidus solides issus de la combustion dans les fours d'usine d'incinération de la fraction non triée des ordures ménagères. Ces déchets sont collectés par le service public, et sont généralement plus ou moins mélangés à des déchets d'entreprises (artisans, commerçants) et des administrations [OFRIR, 2006] (Figure 1.1). Les MIOM représentent de 25 à 30 % en masse et 10 % en volume des déchets incinérés [Maria A., 2004; Caroline C., 2000; Joar K. O. et al., 2005; Ibanez R. et al., 2000; Chimenos J. M. et al., 1999; Chimenos J. M. et al., 2000; Lionel C., 1996].

En sortie de four, les MIOM, très hétérogènes dans leur composition, sont dirigés vers une fosse remplie d'eau pour y être refroidis. Leur passage y est rapide. Après cette étape, le matériau a un taux d'humidité de l'ordre de 18 à 30 %. Sitôt refroidis, les MIOM sont généralement transportés vers des Installations de Maturation et d'Elaboration (IME), dans lesquelles ils subissent différentes opérations visant à les débarrasser de certains éléments grossiers et/ou métalliques (ferreux, non ferreux), et à améliorer leur homogénéité et leur stabilité.

En France, près de 3 millions de tonnes de MIOM sont produites annuellement [ADEME ITOM, 2004; ADEME ITOM, 2006; ADEME ITOM, 2008; Lapa N. et al., 2002]. Au Danemark, l'incinération des déchets municipaux solides joue aussi un rôle important pour la gestion des déchets. En effet, chaque année, l'incinération de 2-3 millions de tonnes entraîne la production d'environ 500 000 tonnes de MIOM [Hjelmar O. et al., 2007; Lapa N. et al., 2002]. En Flandre (nord de la Belgique), 25 % des déchets solides municipaux collectés sont incinérés, produisant environ 220 000 tonnes de MIOM chaque année [Arickx S. et al., 2007; Arickx S. et al., 2008]. En Suède, jusqu'à 450 000 tonnes de MIOM sont générées chaque année [Reich J. et al., 2002; Svensson M. et al., 2007]. Aux Pays-Bas et en Allemagne, les MIOM produits chaque année représentent respectivement 1 et 2 millions de tonnes [Lapa N. et al., 2002]. A Taïwan, environ 1 million de tonnes de MIOM sont produites actuellement [Lin C. F. et al, 2007; Chen C. H. et Chiou I. J., 2007; Kuo J. H. et al., 2008].

Figure 1.1: Mâchefers d'Incinération d'Ordures Ménagères

La production des MIOM augmente de plus en plus chaque année [Boisseau P., 2001] et les préoccupations principales des producteurs de MIOM s'articlent autour de deux problèmes : limiter l'impact environnemental et valoriser les résidus. La valorisation de MIOM permet d'économiser la capacité de stockage et les granulats naturels. En fait, les MIOM sont actuellement utilisés en grande majorité dans le domaine du Génie Civil. L'utilisation des résidus solides des incinérateurs a débuté en France dans les années 1950 dans la région parisienne. L'expansion de leur utilisation dans tout le pays a eu lieu pendant les années 1980 - 1990 [Badreddine R. et François D., 2008].

1.2 Dispositions réglementaires

Les autorités européennes et françaises se sont préoccupées très tôt du devenir des MIOM. La partie ci-dessous présente les dispositions réglementaires typiques.

1.2.1 Arrêté du 25/01/91 relatif aux installations d'incinérations de résidus urbains

Dans l'arrêté du 25/01/91 [Arrêté 25/01/91], les dispositions applicables au titre de la protection de l'environnement aux installations d'incinération de résidus urbains sont définies.

Depuis l'arrêté du 25/01/91, le terme de MIOM s'applique uniquement aux « scories récupérées en fin de combustion ». Cet arrêté stipule que les résidus d'épuration des fumées (comprenant en particulier les cendres volantes et les résidus de la déchloruration) et les MIOM doivent être stockés séparément.

Pour les MIOM, ils peuvent être valorisés en travaux publics à condition d'observer des précautions visant à protéger les nappes et points de captage des eaux. Ils ne devront pas être utilisés en zone inondable, ni à moins de 30 mètres d'un cours d'eau. Ils ne serviront pas pour remblayer des tranchées (risque de corrosion et d'effet de pile s'il y a des canalisations). Cette valorisation est conditionnée par une bonne connaissance des caractéristiques des MIOM produits et par une vérification périodique de celles-ci (composition, imbrûlés, lixiviation etc.).

1.2.2 Arrêté du 20/09/02 relatif aux installations d'incinérations et de co-incinération de déchets dangereux

Il s'agit des définitions et des champs d'application des installations d'incinération et de co-incinération, l'aménagement des installations, les conditions d'admission des déchets incinérés, les conditions d'exploitation. Il parle également de la prévention des risques de la pollution de l'air et de l'eau pour gérer et traiter des déchets issus de l'incinération et de la co-incinération [Arrêté 20/09/02].

Les installations d'incinération sont exploitées de manière à atteindre un niveau d'incinération tel que la teneur en carbone organique total (COT) des cendres volantes et des MIOM soit inférieure à 3 % du poids sec de ces matériaux ou que leur perte au feu soit inférieure à 5 % de ce poids sec. Après la sortie de la combustion, les MIOM doivent en particulier être refroidis. La teneur en carbone organique total ou la perte au feu des

MIOM est vérifiée au moins une fois par mois et un plan de suivi de ce paramètre est défini.

1.2.3 Circulaire du 09/05/1994 du ministère de l'Environnement, relative à l'élimination des mâchefers d'incinération des résidus urbains

En se basant sur un test de lixiviation normalisé [NF XP X 31-210] et une mesure du taux d'imbrûlés, cette circulaire [Circulaire 09/05/1994] fixe les seuils limites de séparation entre les différentes classes de MIOM (Tableau 1.1) :

- MIOM à faible fraction lixiviable, dits de catégorie « V » (valorisable directement) : cette catégorie correspond à la meilleure qualité environnementale. Les MIOM peuvent être dirigés vers les chantiers pour être mis en œuvre immédiatement dans les ouvrages de travaux publics ;

- MIOM intermédiaires, dits de catégorie « M » (intermédiaire, valorisables après maturation) : cette catégorie est intermédiaire au sens du potentiel polluant. Une maturation de 12 mois maximum est nécessaire au-delà desquels, les MIOM seront soit reclassés en catégorie V, soit éliminés en décharge ;

- MIOM à forte fraction lixiviable, dits de catégorie « S » (stockable) : cette catégorie de MIOM ne peut pas être valorisée et doit être directement éliminée en décharge.

Tableau 1.1: Catégories des MIOM en fonction de leur potentiel polluant (valeurs exprimées en mg/kg sec)

	Catégorie V	Catégorie M	Catégorie S
Taux d'imbrûlés (%)	<5	<5	>5
Fraction soluble (%)	<5	<10	>10
As (mg/kg)	<2	<4	>4
Cd (mg/kg)	<1	<2	>2
Cr^{+IV} (mg/kg)	<1.5	<3	>3
Hg (mg/kg)	<0.2	<0.4	>0.4
Pb (mg/kg)	<10	<50	>50
SO_4^{2-} (mg/kg)	<10000	<15000	>15000
COT (mg/kg)	<1500	<2000	>2000

Cette circulaire prévoit qu'en complément de la simple maturation, des traitements appropriés, notamment à l'aide de liants hydrauliques, peuvent être envisagés afin de réduire le potentiel polluant de certains MIOM, en précisant qu'il conviendra de limiter l'application de ces procédés aux seuls MIOM intermédiaires « M ».

L'annexe de cette circulaire détermine l'utilisation des MIOM « V »:

- en structure routière comme couche de forme, de fondation ou de base. Leur utilisation est par contre prohibée dans le cadre de chaussées réservoir ou poreuses ;

- en remblai compacté de plus de 3 mètres de hauteur. Cette utilisation n'est possible que si le remblai ne dispose d'aucun dispositif d'infiltration et à condition qu'il y ait en surface :

  - une structure routière ou de parking ;

  - un bâtiment couvert ;

  - un recouvrement végétal sur un substrat d'au moins 50 cm.

La circulaire précise aussi des exclusions d'emploi: l'utilisation de ces MIOM doit se faire en dehors des zones inondables et des périmètres de protection rapprochés des captages d'alimentation en eau potable ainsi qu'à une distance minimale de 30 m de tout cours d'eau. Elle indique aussi qu' « il conviendra de veiller à la mise en œuvre de tels matériaux à une distance suffisante du niveau des plus hautes eaux connues » et qu' « ils ne doivent pas servir pour remblayer des tranchées comportant des canalisations métalliques ou pour réaliser des systèmes drainants ».

Elle indique enfin que la mise en place des MIOM doit être effectuée en veillant à limiter les contacts avec les eaux de pluies, les eaux superficielles et souterraines.

Pour les MIOM issus de 4 fours équipés de lits fluidisés sur les 132 incinérateurs en fonctionnement en France en 2005 ; il n'existe actuellement pas de texte spécifique fixant des règles d'usage.

1.3 Origine et production des MIOM

Dans cette partie, l'origine des MIOM (déchets ménagers et assimilés, composition de la matière première des MIOM - composition d'ordures ménagères, gestion des déchets) et la production des MIOM (incinération des déchets et une d'incinération d'ordures ménagères) sont présentées.

1.3.1 Gisement des déchets ménagers et assimilés

Les déchets ménagers et assimilés se composent des déchets des ménages et des déchets des collectivités ; alors que les ordures ménagères au sens large se composent d'ordures ménagères au sens strict (matériaux recyclables et fraction résiduelle) et des déchets des artisans et petits commerçants collectés.

1.3.1.1 Gisement des déchets

En 2008, la France a produit 47.1 millions de tonnes de déchets ménagers et assimilés, dont 20.6 millions de tonnes d'ordures ménagères (au sens large) [ADEME ITOM, 2008]. C'est 1.3 million de tonnes d'ordures ménagères de moins qu'en 2006 soit, une baisse de 6 %.

En France, 132 unités d'incinération de déchets non dangereux peuvent traiter des ordures ménagères, des déchets banals des entreprises, des boues de station d'épuration, des déchets ménagers encombrants et des refus de centres de tri et de déchetteries.

1.3.1.2 Matière première des MIOM

La composition des ordures ménagères - matière première des MIOM varie selon les régions, les zones d'habitat, les saisons et l'influence de tri.

En général, les ordures ménagères se composent des déchets putrescibles, papiers et cartons, textiles, plastiques, verres, métaux, matériaux complexes, déchets dangereux comme illustré en Figure 1.2 [Guide Nord Pas-de-Calais].

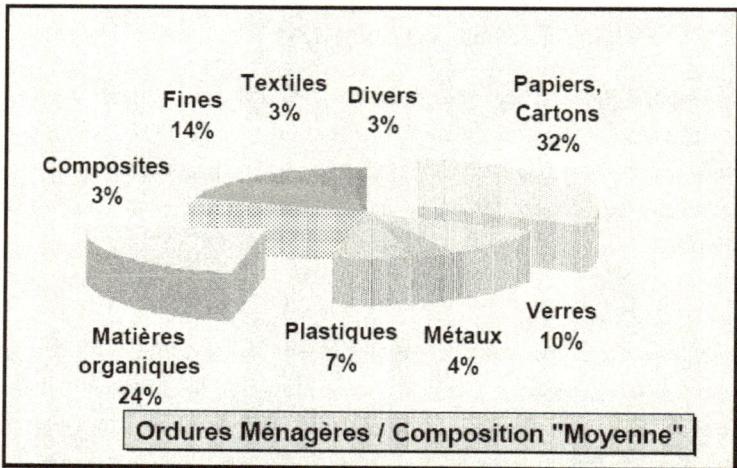

Figure 1.2: Composition de la matière première de MIOM [Guide Nord Pas-de-Calais]

1.3.2 Gestion des déchets

La gestion des déchets est très importante, d'une part parce qu'ils représentent une ressource valorisable, et d'autre part, une mauvaise gestion et une mauvaise élimination pourraient avoir un impact négatif sur l'environnement et sur les conditions de santé [Hjelmar O., 1996]. Parmi les options de gestion des déchets, le rang du recyclage est plus élevé que celui de l'incinération avec récupération d'énergie ; et la mise en décharge a le rang le plus bas [Birgisdottir H. et al., 2007].

Le plan d'action de [Sabbas T. et al., 2003] fixe l'ordre suivant des priorités pour les différentes alternatives de gestion des déchets:

- La production des déchets : elle concerne tous les procédés qui produisent des déchets au cours de la production et de la distribution de produits (industrie et commerce) ou de la consommation de produits (ménage) ;

- La collecte des déchets : elle comprend la séparation des matériaux en différents sources ;

- La transformation : elle comprend les mesures telles que le tri des déchets, le démantèlement des produits et la production du combustible issu des déchets ;

- La minimisation de la production des déchets et la consommation d'énergie par des technologies de substitution et des technologies propres : la priorité est accordée à l'application de technologies propres en tant que stratégie de prévention pour garantir une réduction de la production de déchets, par exemple, grâce à une utilisation plus efficace des produits moins dangereux ;

- Le recyclage ou l'utilisation : le recyclage est la première priorité parmi les alternatives de gestion des déchets car elle permet la meilleure utilisation possible des déchets comme ressource ;

- L'incinération : les déchets qui ne peuvent pas être recyclés doivent à la mesure du possible être incinérés et utilisés pour fournir de l'électricité et de l'énergie pour le chauffage urbain. Les déchets doivent avoir une valeur calorique et le processus de combustion ne doit pas engendrer des problèmes environnementaux inacceptables. L'incinération n'est pas une solution finale de gestion des déchets. Les résidus sont

29

produits et leur utilisation est préférable à l'enfouissement à condition qu'aucun des impacts environnementaux inacceptables ne soient créés ;

- La décharge contrôlée: la décharge est l'option de gestion qui a la priorité la plus basse, et en principe elle est réservée pour des types de déchets qui ne peuvent pas être recyclés ou incinérés ou utilisés, ainsi que pour les résidus d'incinération ne pouvant être utilisés. La décharge crée également une source potentielle de contamination des sols et des eaux souterraines, à court et à long terme. Les décharges sont classées en trois catégories différentes : les déchets dangereux, les déchets inertes et dans un large sens entre les catégories municipales non dangereux et autres déchets compatibles [Ibanez R. et al., 2000].

En pratique, la gestion des déchets diffère entre les pays développés et pays en développement, les zones urbaines et rurales, les zones résidentielles et industrielles. Il existe de nombreuses méthodes de gestion des déchets, telles les décharges, la digestion aérobie et anaérobie, les traitements mécaniques et biologiques de pyrolyse, la gazéification et l'incinération [Kuo J. H. et al., 2008]. Par exemple, les fonctions de l'incinération sont une alternative à l'enfouissement et une des méthodes de traitement biologique.

Les méthodes de traitement des déchets dépendent fortement du type de déchets. En particulier, le traitement thermique (incinération) des déchets vise les principaux objectifs énumérés ci-dessous :

- réduire la teneur en matière organique totale ;
- détruire les contaminants organiques ;
- concentrer les contaminants inorganiques ;
- réduire la masse et le volume des déchets ;
- récupérer le contenu énergétique des déchets ;
- préserver les matières premières et les ressources.

1.3.3 Incinération

Par définition, l'incinération est la combustion des déchets à haute température. En plus de réduire le volume, l'incinération à haute température détruit aussi beaucoup de toxines et d'agents pathogènes dans les déchets médicaux et d'autres déchets dangereux. Les trois fonctions les plus importantes de l'incinérateur sont le traitement sanitaire des déchets solides municipaux, la réduction de volume et la récupération d'énergie. Toutefois, les procédés d'incinération peuvent générer plusieurs types de polluants tels que les métaux lourds, les gaz acides, les particules et les composés organiques [Kuo J. H. et al., 2008].

Le principe de base de la combustion consiste, au niveau du four de l'incinérateur, à combiner les matières combustibles avec l'oxygène de l'air et à accroître la température jusqu'à leur point d'inflammation. La variabilité de composition, de compacité (perméabilité à l'air) et d'humidité des déchets ménagers conduit à des conditions de combustion changeantes.

Le bon fonctionnement de l'incinérateur de déchets implique la minimisation de la teneur en matière organique dans les résidus solides et le contrôle des émissions atmosphériques à des niveaux acceptables. En France, environ 40 % des ordures ménagères sont incinérées chaque année [Auriol J. C. et al., 1999].

En fait, l'incinération génère trois types de production : de la chaleur et de la vapeur ; des mâchefers (MIOM); et des poussières, des cendres volantes et des résidus de traitement des gaz (REFIOM). Chacun de ces éléments est susceptible d'être valorisé.

Pour la valorisation énergétique, on pourrait penser que la valorisation énergétique provient du simple fait que la matière brûlée à haute température génère une chaleur qui peut être récupérée. D'autant plus que la matière déchet a un pouvoir calorique élevé. En fait, le potentiel de récupération de chaleur provient moins de la chaleur dégagée par le four, que du processus de refroidissement des gaz. Le refroidissement a lieu à l'aide de tubes de refroidissement dans lesquels coulent de grandes quantités d'eau qui se transforment en vapeur, par le contact avec la chaleur du four.

La valorisation énergétique peut prendre la voie de la valorisation thermique et/ou de la valorisation électrique. Concernant la valorisation thermique, elle est envisageable si la chaleur peut être utilisée à proximité de l'usine, et si les tarifs sont attractifs. Dans le cas de l'énergie électrique, le rendement est très sensiblement inférieur, et ne dépasse pas 25 à 30 %. Mais l'énergie électrique est plus facile à transporter. Là encore, tout va dépendre du prix des combustibles à un moment donné. Cette valorisation a plusieurs avantages. Tout d'abord, elle est directement utile : une tonne d'ordures ménagères génère 2.2 Mwh. La valorisation énergétique entraîne une économie de combustibles nobles (gaz, fuel …) même s'il faut rappeler que 80 % de l'électricité produite en France est d'origine nucléaire. Enfin, elle a permis, par la vente de l'énergie de diminuer considérablement (même 20 %) le prix du traitement des déchets urbains.

La valorisation des MIOM peut être envisagée en tant que matériaux de substitution en particulier en technique routière et de la valorisation par la revente des métaux qui les composent. Le double tri magnétique et par induction (courant de Foucault) permet d'isoler les métaux ferreux, notamment l'acier et l'aluminium. La récupération de l'acier vise essentiellement à déferrailler le MIOM pour lui donner une composition homogène, et lui permettre ainsi d'être éventuellement utilisé.

Les REFIOM étant considérés comme des déchets ultimes en fin du processus d'incinération, la seule voie possible pour éliminer les REFIOM était la mise en décharge. L'une des dernières avancées consiste dans la vitrification des REFIOM, c'est-à-dire la fusion des cendres à haute température, qui non seulement garantit la destruction des polluants, mais rend le produit final éventuellement valorisable.

1.3.4 Usine d'incinération d'ordures ménagères

Une usine d'incinération d'ordures ménagères (UIOM) [Note SETRA, 1997] (Figure 1.3) se compose :

- d'une fosse de réception des déchets ;

- d'un groupe four - chaudière (récupération de vapeur pour la valorisation énergétique des déchets sous forme de chaleur et/ou d'électricité) ;

- d'une unité de traitement des fumées ;

- d'une unité d'entreposage des résidus d'épuration des fumées d'incinération d'ordures ménagères REFIOM (déchets dangereux) avant évacuation ;

- d'une unité d'entreposage des mâchefers d'incinération d'ordures ménagères MIOM (déchets non dangereux) avant évacuation.

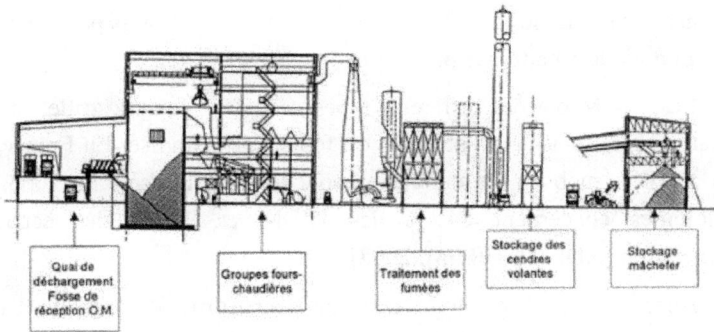

Figure 1.3: Usine d'incinération des MIOM [Note SETRA, 1997]

D'après l'arrêté ministériel du 25 janvier 1991, les conditions d'incinération sont fixées « les gaz provenant de la combustion des déchets doivent être portés même dans les conditions les plus défavorables, après la dernière injection d'air de combustion, d'une façon contrôlée et homogène à une température d'au moins 850° C pendant au moins deux secondes en présence d'au moins 6 % d'oxygène mesuré dans les conditions réelles ».

La température au cœur du foyer est donc supérieure à 850° C sans qu'il soit possible de la connaître directement (l'étude minéralogique des MIOM permet d'y accéder). Elle varie selon le fonctionnement du four.

L'opérateur chargé de l'alimentation de la trémie de chargement du four mélange préalablement les déchets dans la fosse de réception à l'aide du grappin pour assurer la régularité du fonctionnement du four. Un crible à l'entrée de la trémie retient les éventuels objets encombrants, ferrailles etc.

Dans la partie amont du four, les déchets subissent une phase de séchage avant l'incinération proprement dite. Ensuite, sous l'effet de l'air insufflé dans le four, la combustion est initiée. Les fours fonctionnent en auto-combustion. L'avancée et le brassage des déchets sont produits par le mouvement des grilles, la rotation des rouleaux ou du four oscillant. La zone de post-combustion, en aval de l'arrivée d'air primaire, permet de parfaire la combustion. La sortie des MIOM du four se fait en règle générale à travers un bac à eau permettant leur refroidissement rapide ainsi que la fermeture du four. Il existe des dispositifs d'extraction à sec, moins répandus. Avec eux, les MIOM peuvent ensuite être refroidis par aspersion, ce qui permet de rabattre les poussières.

Les UIOM ont des différents types de fours : fours à grille, fours à rouleaux, fours rotatifs et oscillants ou fours à lits fluidisé. En France, les fours à grilles mobiles ou à rouleaux sont les plus utilisés. En 2003, ces technologies concernent 84 % des UIOM et 94 % des capacités d'incinération [ADEME BRGM, 2008].

Après la sortie du four et avant leur sortie du site de l'usine d'incinération, les MIOM bruts peuvent subir un certain nombre d'opérations d'homogénéisation telles que :

- le criblage permettant de débarrasser les MIOM des déchets les plus volumineux, notamment des déchets métalliques et de briser d'éventuels blocs MIOM - déchets métalliques creux ;
- le retrait des métaux par over - band ;
- le retrait des métaux non - ferreux par machine à courant de Foucault.

Ces opérations pourront être plus poussées par la suite dans des Installations de Maturation et d'Élaboration (IME) pour améliorer l'ensemble de leurs caractéristiques.

1.3.5 Installation de Maturation et d'Élaboration

Une cinquantaine d'Installation de Maturation et d'Élaboration (IME) traite environ 70 % de 3 millions de tonnes de MIOM produites chaque année. Les 30 % sont soit valorisés sans passer par les IME, soit éliminés en installation de stockage de déchets non dangereux. En définitive, environ 4 % des MIOM élaborés sur une IME sont éliminés en installation de stockage de déchets non dangereux [ADEME ITOM, 2002].

Les IME peuvent être attenantes aux UIOM ou indépendantes, dédiées à une seule usine ou recevoir des MIOM provenant de plusieurs usines. Exceptionnellement, les MIOM d'une usine sont traités sur deux IME différentes. En France, la majorité des cas (60 %) est représentée par des IME dédiées à une seule usine et le cas des IME dédiées à deux usines reste minoritaire (28 %) [ADEME BRGM, 2008].

Plusieurs opérations peuvent intervenir au cours du processus d'élaboration du MIOM aux IME :

- le criblage, éventuellement complété par un concassage, en vue de faire rentrer le matériau dans un fuseau granulométrique ;
- le retrait des métaux par over - band ;
- le retrait des métaux non - ferreux par machine à courant de Foucault ;
- le retrait des imbrûlés résiduels par soufflage (papier, cartons et plastiques).

Ces opérations peuvent être réalisées en une ou plusieurs fois pour améliorer le résultat final et être conduites sur différentes fractions granulométriques des MIOM. Les matériaux extraits rejoignent des filières de valorisation matière.

La durée de maturation ne doit pas excéder une année. En général, la maturation et l'élaboration des MIOM permettent d'obtenir un taux de valorisation supérieur à 95 %. Les résidus non valorisables (moins de 5 %) sont éliminés en installation de stockage de déchets non dangereux et les imbrûlés éventuellement retournés à l'UIOM [ADEME ITOME, 2002].

1.4 Gisement des MIOM

La production des MIOM peut être estimée selon les régions. Une partie de ces MIOM va être utilisée dans le domaine du Génie Civil. Il y a une légère augmentation de combustion des déchets mais grâce à l'influence du tri sélectif, les quantités de MIOM produites restent stables chaque année.

1.4.1 Estimation

L'incinération d'une tonne de déchets ménagers et assimilés produit environ 300 kg de MIOM. En France, près de 3 millions de tonnes de MIOM sont produites chaque année. La répartition de cette production est très disparate (Tableau 1.2) et fonction de deux variables majeures : la densité de population et la volonté politique locale de recourir ou non à l'incinération.

Tableau 1.2: Répartition régionale de la production de MIOM [ADEME 1998]

Régions	Pourcentages
Ile-de-France	30
Rhône-Alpes	11
Provence Côte d'Azur	8
Bretagne – Nord Pas-de-Calais	7
Pays-de-la-Loire	5
Alsace – Aquitaine	4
Centre – Midi-Pyrénées – Haute-Normandie	3
11 autres régions	2

D'après cette répartition, près de 50 % des MIOM produits proviennent des régions Ile-de-France, Rhône-Alpes et Provence-Côte d'Azur.

1.4.2 Devenir

En France, environ 2 millions de tonnes de MIOM sont traités par an dans une cinquantaine d'IME. Plus de 80 % de ces MIOM sont utilisés en ouvrages de Génie Civil : remblais et couches de formes dans les chantiers de voirie, parking et assainissement.

La Figure 1.4 représente le taux de valorisation des MIOM en 2000 et 2002 [ADEME ITOME 2002].

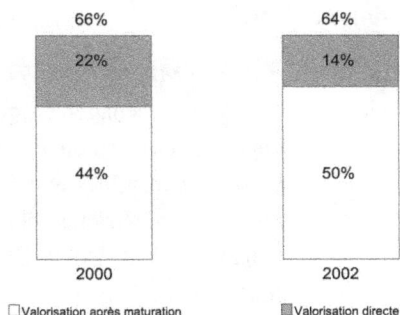

66%	64%
22%	14%
44%	50%
2000	2002

☐ Valorisation après maturation   ▨ Valorisation directe

Figure 1.4: Taux de valorisation des MIOM en 2000 et 2002 [ADEME ITOME 2002]

1.4.3 Évolution

Le ratio de production de MIOM par tonne de déchets incinérés baisse au cours du temps (Figure 1.5). La baisse provient des collectes sélectives de déchets non combustibles (verre, ferrailles etc.) et du compostage. Les volumes de MIOM produits restent stables d'une année sur l'autre malgré une légère augmentation des quantités globales incinérées. Ainsi, la hausse de tonnage incinéré semblait être compensée par la baisse du ratio de production des MIOM.

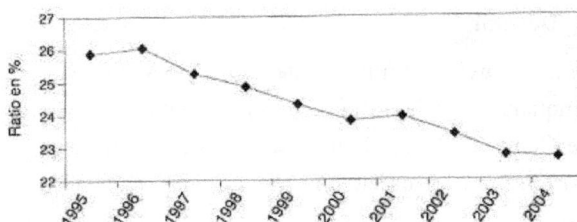

Figure 1.5: Ratio de production des mâchefers (MIOM/déchets incinérés) [ADEME BRGM, 2008]

1.5 Composition des MIOM

Il convient de se rappeler que le MIOM est un sous-produit issu du processus d'incinération des ordures ménagères qui se composent principalement de verre, de métaux ferreux et non ferreux, de céramique, de minéraux, d'autres composés non combustibles et des résidus de matière organique dont la distribution granulométrique dépend de la taille [Chimenos J. M. et al., 2000; Bethanis S. et al., 2002; Chimenos J. M. et al., 2003; Guimaraes A. L. et al., 2005; Qiao X. C. et al., 2008; Chen C. H. et al., 2007].

L'hétérogénéité des MIOM est issue des habitudes de consommation des populations (citadine, rurale), des périodes de collecte, de la typologie des filières de collecte sélective, du procédé d'incinération, et des procédés de gestion menées sur les installations de maturation et d'élaboration.

En France, il n'existe pas actuellement de donnés synthétiques sur la composition élémentaire des MIOM. La Figure 1.6 présente un exemple de la composition des MIOM après le traitement en IME.

COMPOSITION DES MIOM (Après traitement en IME)

Sels 1 à 2% Imbrûlés : 1 à 2% Métaux lourds (Traces)

Eau : 5 à 15%

Silice et Alumine : 50 à 70%
☐ Calcaire et Chaux : 15 à 25%
☐ Eau : 5 à 15%
☐ Sels 1 à 2%
☐ Imbrûlés : 1 à 2%
☐ Métaux lourds - Traces

Calcaire et Chaux : 15 à 25%

Silice et Alumine : 50 à 70%

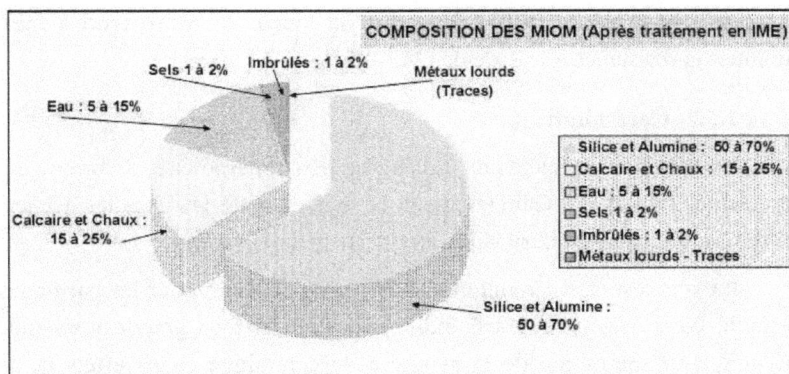

Figure 1.6: Composition des MIOM après le traitement en IME [Guide Nord Pas-de-Calais]

1.5.1 Verre

Les particules de verre ont de différentes couleurs. La principale source de verre dans les MIOM est domestique (bouteilles et verres). Par conséquent, comme le recyclage du verre augmente de plus en plus, le pourcentage en poids de verre dans les MIOM devrait diminuer [Chimenos J. M. et al., 1999].

Le verre atteint sa plus grande proportion à la fraction de 4 à 6 mm, probablement en raison de la rupture de l'action mécanique du système de transport solide à l'intérieur du four et de l'effet des chocs thermiques. La quantité de verre dans les MIOM peut servir pour évaluer l'efficacité des programmes volontaires de recyclage, étant donné que le tamisage, le lavage et le classement peuvent être effectués très rapidement et ne nécessitent pas de techniques sophistiquées de caractérisation.

Contrairement aux cendres de charbon et cendres volantes, les particules de MIOM présentent de fortes angulosités [Zevenbergen C. et al., 1998]. La résistance à la fragmentation (le coefficient de Los Angeles) semble insensible à la variation de la teneur en verre, alors que la résistance à l'usure (le coefficient Micro-Deval) a une sensibilité vis-à-vis de la teneur en verre [Becquart F., 2007]. En effet, la teneur en verre tend à faire diminuer la résistance à l'usure des MIOM.

1.5.2 Céramique

Ce sont des fragments de ciment, de béton, de poterie, de brique, de porcelaine et de gypse. Généralement, ce type de matériau dans les déchets solides municipaux est attribuable aux déchets du bâtiment.

La synthèse des céramiques atteint son minimum pour les particules de taille comprise entre 4 à 6 mm, qui reflète la plus grande résistance mécanique et thermique de la synthèse de céramique et les effets de la rupture du processus d'incinération. Étant donné que la quantité de la synthèse de céramique est très facile à déterminer, et d'une manière semblable à du verre, ce paramètre peut également être utilisé pour déterminer l'efficacité des programmes volontaires de recyclage.

1.5.3 Minéraux

Les principales composantes de cette catégorie sont le quartz (SiO_2), les carbonates de calcium ($CaCO_3$), la chaux (CaO) et le feldspars ($CaO.Al_2O_3.2SiO_2$, anorthite). Mais d'autres matériaux peuvent être contenus dans les MIOM sans que l'on puisse les détecter si leur pourcentage en poids est inférieur à 3 % qui sont la limite de la technique de détection de DRX comme par exemple le carbonate de magnésium, le baryum ou le gypse. Tous ces composés minéraux sont aussi les principaux éléments des terres agricoles.

Ces matériaux, à la différence du verre et de la céramique de synthèse, existent principalement dans les plus petites fractions de taille.

Le contenu de SiO_2, Al_2O_3, Fe_2O_3 et Na_2O augmente avec l'augmentation de la taille des particules. En revanche, le contenu de CaO, MgO, TiO_2 et P_2O_5 augmente avec la diminution de la taille des particules [Liu Y. et al., 2008; Shim Y. S. et al., 2003].

1.5.4 Matières organiques

La cellulose et la lignine sont les principaux constituants organiques des MIOM [Sia M., 2000; Maria A., 2004]. Les déchets solides municipaux eux-mêmes sont très riches en matière organique, les principaux constituants sont le papier, les déchets alimentaires, les plastiques, les textiles et le bois. Le contenu total de la matière organique dans les déchets solides municipaux varie de 60 à 90 %. Par conséquent, l'incinération des déchets solides municipaux a été jugée très efficace pour traiter des déchets, ce qui se fait principalement pour des raisons de réduction du volume et de la récupération d'énergie.

L'incinération est généralement effectuée à environ 1000° C, malgré cette température, une fraction issue de la non-combustion des matières organiques est encore présente dans les résidus d'incinération (principalement dans les MIOM). La quantité de résidus organiques dépend des conditions d'exploitation de l'incinérateur et de l'origine de la composition des déchets.

Lorsque le MIOM est déposé ou utilisé comme matière secondaire dans la construction, ses matières organiques peuvent avoir plusieurs effets sur le comportement des MIOM. Les substances organiques peuvent [Sia M., 2000]:

- Mener à la toxicité et même mutagénicité dans certains cas ;

- Induire la complexion du carbone organique dissous (COD), avec des taux ou des autres composés organiques toxiques, tels que les HAP (hydrocarbures polycycliques aromatiques), et renforcer ainsi la mobilité de ces espèces et d'un éventuel rejet dans l'environnement. La complexion des métaux a été notée en particulier dans le cas de cuivre car il est relativement facile de mesurer ce métal dans les solutions et il a de grandes affinités à la formation de composés de coordination ;

- Entraîner la libération de CO_2 au cours de la dégradation microbienne, ce qui diminue le pH, ce qui, à son tour, a réduit le rôle de tampon de la masse des déchets ;

- Imposer des conditions de la réduction des lixiviations des métaux due à la formation de phases insolubles, tels que les sulfures de métaux.

41

La matière organique semble être distribuée au hasard dans toutes les fractions de taille inférieure à 16 mm.

La perte au feu est souvent utilisée en tant qu'un indicateur de la teneur de la matière organique dans les MIOM. Assez étonnamment, aucune corrélation entre la perte au feu et la quantité des lessivés de carbone organique ne fut trouvé. Les concentrations des COD dans les MIOM ont fortement augmenté avec la baisse du ratio liquide-solide, ce qui indique que le lessivage COD est contrôlé par la quantité de matières organiques solubles présentes. Cela suggère que la perte au feu n'était pas représentative de la teneur en matière organique.

Il est généralement admis que la présence de matières organiques est généralement convenue d'avoir un impact négatif sur la rigidité des matériaux granulaires. La plupart des pays ont limité la teneur en matières organiques dans les matériaux routiers.

D'après [Maria A., 2004], la teneur en matières organiques a un effet limitatif sur le module de résilience. Ce dernier augmente de 50 % lorsque la teneur en matières organiques a diminué de moitié.

1.5.5 Métaux lourds

Les principaux métaux présents dans le MIOM sont Al, Cu, Pb, Zn, Cd, Cr etc. La lixiviation des métaux lourds est l'une des principales limites à la réutilisation des MIOM comme des matériaux de construction secondaire comme indiquée dans la plupart des réglementations environnementales.

Le taux d'absorption des métaux lourds augmente avec la diminution de la taille des particules de MIOM. Le taux et l'étendue de l'adsorption sont proportionnels à la surface spécifique et la taille des particules de l'adsorbant [Shim Y. S. et al., 2003]. Les métaux lourds sont concentrés dans les petites fractions de taille des particules (< 4 mm) [Chimenos J. M. et al., 2000; Chimenos J. M. et al., 2003; BRGM, 1998]. Toutefois, pour toutes les fractions de l'étude, une période de maturation naturelle de moins de 50 jours est suffisante pour diminuer la libération de la plupart des métaux lourds en dessous de la limite maximale requise. Cela signifie que les plus petites fractions peuvent également être réutilisées comme matériau de construction secondaire, conformément à la réglementation locale.

La lixiviation des métaux lourds augmente à mesure que le pH diminue. La lixiviation des métaux lourds solubles est la plus basse quand le pH est inférieur à 3 [Lo H. M., 2005; Johnson C. A. et al., 1996].

La lixiviation des métaux lourds des MIOM et une réduction de son ampleur ont été l'objet de plusieurs études. Diverses techniques ont été proposées tels que le tamisage, la séparation diamagnétique chimiques, le lavage et la carbonatation.   La carbonatation semble être l'une des techniques les plus prometteuses. La carbonatation est la réaction de CO_2 de l'air avec les hydroxydes de MIOM pour former des carbonates. Deux effets de la carbonatation ont été identifiés. La réaction est accompagnée d'une diminution de pH de la matière à partir de 11-12 à 8-9.

Dans plusieurs pays, les MIOM maturent pendant 6-12 semaines après la trempe. Après cette maturation naturelle, le lessivage de plusieurs métaux semble être moins important que dans les MIOM frais. Au cours de la carbonatation des MIOM, $Al(OH)_3$ et l'aluminosilicate amorphe ont également été identifiés. Les minéraux d'aluminium sont susceptibles de précipiter car la solubilité d'aluminium est fortement réduite lorsque le pH diminue de >10 à 8-8.5. Il est estimé que la carbonatation est un processus important au cours de cette maturation. Le CO_2 nécessaire à la carbonatation peut provenir de l'atmosphère ou de la biodégradation de résidus organiques [Meima J. A. et al., 2002]. Il peut provenir aussi de la pile à gaz des incinérateurs de déchets solides municipaux qui contient environ 10 % de CO_2 ; ce pourrait être une technique réaliste pour le traitement des MIOM. L'abaissement de la teneur en CO_2 des gaz de cheminée est aussi intéressant en vue de réduire les émissions de gaz à effet de serre [Gerven T. V. et al., 2005; Meima J. A. et al., 2002; Rendek E. et al., 2006].

1.6 Caractéristiques géochimiques des MIOM

Les caractéristiques géochimiques des MIOM concernent l'altération, la lixiviation ainsi que les processus géochimique contrôlant le lessivage.

1.6.1 Altération

Les MIOM contiennent en quantité relativement élevée des éléments potentiellement dangereux. Étant donné que les MIOM sont incinérés à haute température puis refroidis rapidement, ils sont instables dans les conditions atmosphériques [Meima J. A. et Comans R. N. J., 1999]. L'altération de ces solides naturels induit la transformation en minéraux secondaires. L'altération a été montrée par une forte incidence sur la lixiviation des éléments majeurs et des éléments traces présent dans les MIOM. En général, l'altération des réactions dans les MIOM est similaire à celle observée dans les sols alcalins et de cendres volcaniques et basaltes. Trois grandes étapes de l'altération ont été identifiées. Pour chaque étape les caractéristiques de pH sont contrôlées par les minéraux et CO_2 [Meima J. A. et Comans R. N. J., 1997; Chimenos J. M. et al., 2000] :

- Le MIOM « non-altéré », avec un pH > 12. Il représente l'étape initiale du processus d'altération qui a lieu lorsque les MIOM secs entrent en contact avec l'eau présente dans la cuve de refroidissement. Les réactions consistent en l'hydrolyse des oxydes de Ca, Al, Na et K, et la dissolution/reprécipitation des hydroxydes et des sels de ces principaux cations. Le pH des MIOM est fortement alcalin et est contrôlé par la solubilité de la portlandite $(Ca(OH)_2)$;

- Le MIOM « refroidit et non-carbonaté », dont le pH se situe entre 10 et 10.5. Dans cette phase, le pH des MIOM est ramené à 10-10.5 par la formation d'ettringite, de gibbsite et de gypse. En raison de poursuite de la réaction d'hydrolyse des minéraux secondaires comme Fe/Al- amorphe (hydr)oxydes, les aluminosilicates hydratés et les zéolites commencent à précipiter. Les sels solubles sont rapidement lessivés par l'eau de percolation. La biodégradation des matières organiques

44

résiduelles et la dissolution des phases minérales peuvent provoquer une réduction des effets de l'environnement ;

- Le MIOM « carbonaté », dont le pH se situe dans la gamme 8-8.5. À cette étape, le pH des MIOM ont encore diminué et atteint à l'équilibre des valeurs de 8-8.5 du fait de l'absorption du CO_2 et la précipitation de calcite. Les sources de CO_2 requises pour cette carbonatation proviennent de l'atmosphère ou de la biodégradation des organiques résidus. La néoformation de Fe/Al- (hydr)oxydes et de l'aluminosilicates hydratés continue. Similaire à l'altération de cendres volcaniques, ces hydriques d'aluminosilicates sont un produit intermédiaire de la transformation des verres en l'argile-minéraux. L'argile-minérale d'illite semble être le produit final de l'altération du verre dans les MIOM. Dans la troisième étape, le lessivage de plusieurs éléments a diminué, y compris les contaminants potentiels tels que Cd, Pb, Cu, Zn et Mo. Cette réduction est due à la neutralisation de pH de MIOM aux processus de sorption ou de la formation des espèces minérales plus stables et à la réduction de la lixiviation du carbone organique dissout. Ce dernier processus est particulièrement important pour le Cu puisque 90 % de la dissolution de Cu peut être associé à la COD. Il sera examiné la manière dont les connaissances acquises de ces processus géochimiques peuvent être appliquée pour faire des prévisions fiables du comportement à long terme des MIOM dans l'environnement.

L'altération a été montrée avoir un effet significatif sur le lessivage des éléments traces présents dans MIOM. Le lessivage de Cd, Pb, Cu, Zn et Mo à l'étape 3 de MIOM, par exemple, est en général nettement plus bas que celui observé pour le MIOM frais. Un mécanisme important est la sorption des éléments traces pour néoformer l'amorphe de Fe/Al-minéraux. En outre, la neutralisation de pH de MIOM dans la gamme >10 à 8-8.5 et la formation des minéraux secondaires moins solubles des éléments traces contribuent également à réduire le lessivage. Le lessivage bas des éléments traces de MIOM ne semble pas être principalement causé par une libération préalable de ces éléments durant le stockage.

1.6.2 Lixiviation

Le taux de lessivage d'un élément de MIOM dépend de son abondance dans les MIOM, de sa disponibilité à la solution, de la cinétique de dissolution des solides principaux contenant l'élément et de la cinétique des réactions de précipitations/sorption. En effet, aucun élément ne va précipiter comme un solide secondaire, soit s'adsorber au solide substrat,

- La disponibilité des éléments, ce qui signifie qu'il y a un manque de concentration de changement en raison de l'épuisement d'une phase. Ce type de comportement est généralement observé pour les sels solubles, tels que Na, K et Cl. En général, plus le ratio de liquide sur solide (L / S), plus les éléments montrent ce type de comportement ;

- La cinétique des éléments, ce qui signifie le taux de transfert de la masse de la phase solide à la phase liquide. Le temps de contact entre la phase solide et la phase liquide détermine souvent si la cinétique est important ou non. En outre, la lenteur de la transformation primaire à haute température aux solides secondaires stables a été démontrée qu'elle affecte le lessivage de plusieurs autres éléments ;

- L'équilibre des éléments, ce qui signifie que la concentration d'un élément est contrôlée par un équilibre de dissolution/précipitation ou d'un équilibre de sorption. Divers éléments sont retraités dans les matrices de MIOM par ces processus.

1.6.3 Processus géochimique contrôlant le lessivage

Plusieurs processus géochimiques contrôlent le lessivage de manière suivante :

- Processus de complexation: l'hydrolyse et la complexation avec le carbonate sont les réactions principales de complexation inorganique dans les lixiviats de MIOM. Le pH est un paramètre dominant dans la lixiviation des éléments de MIOM ;

- Processus de précipitation/dissolution: Le processus de précipitation/ dissolution contrôle le pH de MIOM et en particulier le lessivage des éléments majeurs présent dans le MIOM. Le processus de précipitation/dissolution peut également contrôler le lessivage des éléments traces de l'étape 1 et 2 du MIOM ;

- Processus de sorption : La sorption est un terme général qui désigne tous les processus, à l'exception du processus de précipitation/dissolution de phases minérales pures, ce qui soustrait une espèce chimique de la solution aqueuse à une phase solide. Le processus de sorption devrait être important lorsque les suspensions à l'équilibre sont saturées à l'égard de la connaissance de contrôle de solubilité de minéraux. Le potentiel sorbier de minéraux dans les MIOM sont l'amorphes ou le cristallins Fe et Al-(hydr)oxydes, l'hydriques d'aluminosilicates et la calcite ;

- Processus de redox: Dans les MIOM frais, les conditions régnant de redox sont comburantes. Au cours de l'élimination ou de l'utilisation des MIOM, toutefois, le potentiel de redox peut fortement diminuer par la biodégradation des matières organiques résiduelles et/ou par la présence de la réduction des phases minérales.

1.7 Caractéristiques géotechniques

Les caractéristiques géotechniques telles que les paramètres de nature, de comportement mécanique et d'état sont abordées.

1.7.1 Paramètres de nature

Les paramètres de nature sont des paramètres intrinsèques. Ils ne varient pas ou peu, ni dans le temps, ni au cours des différentes manipulations que le MIOM subit au cours de sa mise en œuvre.

Les principaux paramètres de nature utilisés pour caractériser les MIOM sont: la granulométrie, la teneur en fines, le passant à 2 mm, la valeur de bleu de méthylène (VBS), l'équivalent de sable (ES). D'après le Guide (Rhône-Alpes) d'utilisation en travaux publics des graves de recyclage (2004) [Guide Rhône-Alpes, 2004] et [Goacolou H., 2001] ; et le Guide Technique des Routes rédigé par SETRA [SETRA-LCPC, 2000], le Tableau 1.3 indique les ordres de grandeur des paramètres de nature des MIOM utilisés en techniques routières.

Tableau 1.3: Domaine de variabilité des paramètres de nature des MIOM utilisés en techniques routières

Paramètre	Domaine de variabilité définie par Guide (Rhône-Alpes) 2004	Domaine de variabilité définie par SETRA 2000
Granulométrie	0 à 31.5 mm	0 à 31.5 mm
Teneur en fines (passant à 0,08 mm)	5 à 12 %	5 à 12 %
Passant à 2 mm	20 à 45 %	20 à 45 %
Valeur de bleu de méthylène	0.01 à 0.05g/100g	0.01 à 0.1g/100g

1.7.2 Paramètres de comportement mécanique

D'après le [Guide Rhône-Alpes, 2004] d'utilisation en travaux publics des graves de recyclage (2004) et [Goacolou H., 2001] ; et le Guide Technique des Routes rédigé par SETRA [SETRA-LCPC, 2000], les paramètres de comportement mécanique utilisés sont : Los Angeles (LA) et Micro-Deval en présence d'eau (MDE). On utilise les paramètres de comportement mécanique pour considérer la possibilité d'utilisation du matériau en sous-couche routière et connaître leur réponse à des sollicitations subies au cours de leur mise en œuvre et sous la circulation

48

d'engins de transport. Pour l'utilisation en travaux publics, LA varie de 36 à 50 %, MDE varie de 15 à 45 %.

1.7.3 Paramètres d'état

Les paramètres d'état ne sont qu'en fonction de l'environnement dans lequel le matériau se trouve. Pour le MIOM, l'état hydrique du matériau (très humide\humide\moyen\sec\très sec) est le principal paramètre d'état à prendre en compte. L'état hydrique du MIOM se caractérise par la valeur de sa teneur en eau par rapport à sa teneur en eau à l'optimum Proctor, ainsi que par l'indice portant immédiat (IPI) (Tableau 1.4).

Tableau 1.4: Domaine de variabilité des paramètres d'état des MIOM utilisés en techniques routières

Paramètre	Domaine de variabilité définie par Guide (Rhône-Alpes) 2004	Domaine de variabilité définie par SETRA 2000
Teneur en eau	10 à 20 %	8 à 25 %
Masse volumique	2.25 à 2.35 g/cm3	
Indice portant immédiate	30 à 60	30 à 60
État hydrique à l'Optimum Proctor Modifié	Teneur en eau : 12.5 à 18 % OPN : 1.75 à 1.87 g/cm3	Teneur en eau : 12.5 à 15 % OPN : 1.75 à 1.87 g/cm3

1.8 Évaluation de l'écotoxicité des MIOM

Le problème principal lié à l'utilisation des MIOM est la conséquence directe ou indirecte, un effet nocif pour l'environnement et pour la santé, parce que les MIOM contiennent des quantités variables de métaux lourds et de matières organiques [Rendek E. et al., 2007]. Bien que les MIOM ne soient pas considérés comme des déchets dangereux, ils contiennent une assez grande quantité de métaux lourds et une petite quantité de matières organiques. En effet, le MIOM est un matériau hétérogène avec une grande variation dans le contenu et les propriétés de lixiviation. Sa maturation pendant au moins 12 semaines a été mis en place dans certains pays, conformément à la réglementation de la technique et de la législation [Liu Y. et al., 2008].

Le carbone organique représente une source potentielle de produits chimiques et microbiologiques dans les MIOM. En effet, il peut fournir un substrat pour l'activité microbienne et sa biodégradation peut influer, à court et à long terme, sur le comportement des MIOM dans les décharges ou pour les réutiliser par la suite. Le carbone organique dans les MIOM peut être biodégradé, même dans des conditions alcalines. La teneur des composants organiques tels que l'eau extraite de carbone organique, les acides aminés, des hydrates de carbone hexosamines diminue pendant le stockage. La dégradation microbienne peut entraîner la mobilisation de certains composés organiques et métaux lourds. Par exemple, le rôle du COD dans l'amélioration de la lixiviation de cuivre a été identifié [Rendek E. et al., 2007].

Les métaux lourds induisent un large éventail de conséquences toxiques, y compris les substances cancérigènes, neurologiques, hépatiques, rénales, hématopoïétiques et d'autres effets néfastes. Ainsi, la libération de métaux toxiques des incinérateurs constitue un risque pour l'environnement et la santé publique [Silkowski M. A. et al., 1992]. Le potentiel de lessivage et de libération de certains métaux lourds dans le MIOM, en particulier le plomb, le cuivre, le cadmium et le zinc, doivent être évalué avant toute prise de décision au sujet de leur éventuelle cession ou de leur utilisation. La libération de ces métaux lourds est principalement causée par la redissolution de leurs hydroxydes, étant donné que le pH du MIOM est contrôlé par la solubilité de $Ca(OH)_2$. Ainsi, les réactions principales d'altération doivent conduire à une diminution du pH, de sorte que la solubilité de l'hydroxyde peut aussi diminuer. En raison de l'énorme potentiel économique et les restrictions d'émissions, plusieurs fabricants des matériaux sont en train d'examiner les options disponibles pour traiter les MIOM. La solidification, la stabilisation, la vitrification, la classification par granulométrique des particules, la maturation ou l'altération sont quelques-unes des méthodes actuellement disponibles [Chimenos J. M. et al., 2000].

L'oxydation, la carbonatation, la neutralisation du pH, la dissolution et la précipitation sont quelques-unes des réactions qui peuvent se produire dans l'altération des MIOM [Chimenos J. M. et al., 2000]. La stabilité chimique est obtenue par la réduction de la solubilité de nombreux éléments toxiques, et par conséquent leur libération. D'autres processus tels que la sorption et la néoformation de minéraux sont également des mécanismes chimiques et physiques qui contribuent à la réduction de la libération. Trois grandes étapes de l'altération ont été identifiées, et le pH a été reconnu comme étant un paramètre très important en lessivage. Toutefois, ces deux processus sont plus importants dans le long terme et l'altération des MIOM continue même après son utilisation comme matériau de construction secondaire [Chimenos J. M. et al., 2000].

1.9 Traitement et amélioration de la qualité technique des MIOM

La circulaire du 9 Mai 1994 prévoit dans son chapitre III (Stabilisation des MIOM) qu' « en complément de la simple maturation, des traitements appropriés, notamment à l'aide de liants hydrauliques, peuvent être envisagés afin de réduire le potentiel polluant de certains MIOM », en précisant qu'« il conviendra de limiter l'application de ces procédés aux seuls MIOM intermédiaires », France les MIOM de catégorie « M ».

Les traitements des MIOM permettent principalement d'améliorer leurs qualités géotechniques et également de réduire le potentiel polluant des MIOM. En France en 2002, environ 2 millions de tonnes de MIOM, soit plus de deux tiers de la production nationale, ont ainsi été valorisés. Par ailleurs, 22 % des installations de maturation et d'élaboration de MIOM étaient équipées en 2002 d'une centrale de traitement des MIOM aux liants carbonés ou hydrauliques [ADEME ITOM, 2002].

Actuellement, il existe plusieurs méthodes de traitement des MIOM [ADEME BRGM, 2008]:

- Traitement aux liants hydrauliques : cette méthode de traitement est basée sur deux mécanismes complémentaires de réduction du potentiel polluant. D'une part, une solidification qui séquestre les éléments polluants dans une matrice solide par enrobage ou encapsulation; d'autre part, la fixation de certains polluants par des liaisons chimiques ;

- Traitement par ajout de liants carbonés : pour pallier au problème de la présence d'eau dans les MIOM, il est proposé un traitement par des émulsions de bitumes et d'eau à chaud [Bense P. et Hauza P., 2001]. Par exemple, ce traitement permet d'assurer une encapsulation des constituants des MIOM ;

- Traitement des métaux lourds par ajout d'argile : un ajout raisonnable d'argile dans un MIOM peut avoir un effet bénéfique de par la fixation de certains métaux lourds, tels le Pb, Zn, Cd etc. Au cours de la chute du pH qui accompagne le vieillissement des MIOM, les ions fixés par les argiles subissent des processus de carbonations qui assurent un autre type de piégeage, comme la formation de calcite contenant des traces des métaux [Gaboriau H. et Hau J. M., 1999] ;

- Traitement des métaux lourds par ajout de phosphates : ces techniques de traitement sont basées sur les propriétés chimiques de l'acide phosphorique qui, en présence de calcium et de métaux bivalents, précipite pour donner des phosphates de calcium contenant des traces de métaux et des phosphates de métaux [Grannel B. et al., 2000] ;

- Outre les procédés cités précédemment, il existe d'autres méthodes de traitement des MIOM tels que: le lavage à l'eau, le lavage acide, le lavage avec des eaux enrichies en chlorure de calcium provenant de l'épuration de fumées et le tamisage des fines etc.

1.10 Utilisation des MIOM

Dans cette partie, l'utilisation des déchets dans la construction de routes, de trottoirs, la production de verre, de céramique, de ciment et de béton est présentée. Plusieurs types de déchets peuvent être utilisés dans ces domaines comme : les scories métallurgiques, les scories d'acier, le charbonnage gâté, les déchets de carrières de roches, les déchets de démolitions, les cendres volantes et les MIOM. D'autre part, les domaines d'application des MIOM en particulier en Génie Civil seront exposés.

1.10.1 État de l'utilisation des déchets

Chaque année, des quantités massives de déchets sont produites dans les industries de l'extraction minière, de la production d'électricité, de la production d'acier, etc. Chacune de ces industries a mis en place de vastes zones de stockages des déchets. Il est intéressant de noter que la majorité des compositions chimiques des combinaisons de ces déchets sont semblables et une partie est utilisée dans la construction de routes, de trottoirs, la production du verre, de la céramique, du ciment et du béton [Woolley G. R., 1994].

L'utilisation des déchets dans la construction peut réduire la dépendance à l'égard des agrégats naturels et peut conserver les ressources principales. La hausse du coût de dépôt, la réduction de l'activité industrielle et la nécessité de préservation de l'environnement naturel se combinent avec l'augmentation de la pression commerciale qui pousse à la valorisation des déchets.

Les préoccupations concernant les effets sur l'environnement du dépôt de ces déchets ont augmenté, en particulier, dans le cas de la lixiviation de certains éléments traces. C'est pourquoi, en utilisant les déchets d'une manière contrôlée, les effets sur l'environnement devraient s'amenuiser par la réduction de l'extraction des matières premières et les dépôts de déchets indésirables.

Quelques types de déchets peuvent être cités: les scories métallurgiques, les scories d'acier, le charbonnage gâté, les déchets des carrières des roches, les déchets de démolition, les cendres volantes et les MIOM.

1.10.2 Utilisation des MIOM en ouvrages du Génie Civil

Les MIOM sont utilisés en grande majorité dans les terrassements, les remblais, les couches de chaussée, les parkings, la voirie et l'assainissement [Chimenos J. M. et al., 2000]. Ici, nous nous intéresserons uniquement à l'utilisation dans les remblais et les couches de chaussées.

1.10.2.1 Classement

Dans la norme NF P 11-300, les MIOM sont classés dans la famille F6 (Mâchefers d'incinération des ordures ménagères), subdivision de la classe F (Sols organiques et sous-produits industriels). Cette classification renvoie au [SETRA-LCPC, 2000], dont les recommandations relatives aux MIOM sont rapportées ci-dessous.

Selon le [SETRA-LCPC, 2000], les paramètres importants de la famille F6 sont : la perte au feu (ou mesure des imbrûlés), la fraction soluble, l'efficacité du déferraillage, la granulométrie et l'homogénéité. De ces paramètres, la famille F6 est divisée comme suit :

- F61 : MIOM bien incinérés, criblés, déferraillés, faiblement chargés en éléments toxiques solubles, stockés pendant plusieurs mois ;

- F62 : identique à F61 mais de production récente ;

- F63 : MIOM mal incinérés, ou n'ayant pas subi de préparation, ou chargés en éléments toxiques solubles.

1.10.2.2 Emploi

Pour être utilisables en technique routière, les MIOM doivent être traités puis criblés afin d'éliminer les éléments de taille supérieure à 50 mm, de faciliter ainsi leur mise en œuvre et leur compactage.

Un stockage de 6 mois est conseillé pour permettre au matériau de se stabiliser et limiter les risques de formation ultérieure d'ettringite, qui se traduit par des gonflements. La mise en œuvre de ce matériau doit respecter des conditions d'humidité pour le compactage et le relargage vers le milieu environnant. De plus, le compactage doit respecter les zones de protection des eaux. Enfin, la relative fragilité des MIOM limite leur utilisation aux sous-couches de chaussées à faible trafic, à des zones piétonnières ou au remblai.

L'utilisation des MIOM paraît toutefois possible à condition de respecter l'environnement et tout particulièrement les eaux fluviales et souterraines.

Aujourd'hui, en France, les MIOM et leur possibilité d'utilisation en sous-couches routières, sont régis par la circulaire du ministère de l'environnement de Mai 1994.

a) Remblai

La circulaire ministérielle de Mai 1994, précise les conditions d'utilisation du MIOM en remblais : « les utilisations possibles en techniques routières de MIOM à faible fraction lixiviable sont les suivantes: remblai compacté de plus de 3 mètres de hauteur, sans aucun dispositif d'infiltration, et il y ait en surface (Figure 1.7):

- Une structure routière ou de parking ;
- Un bâtiment couvert ;
- Un substrat végétal d'au moins 50 cm d'épaisseur ».

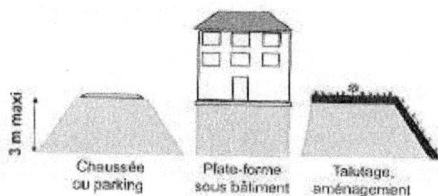

Figure 1.7: Utilisation possible de MIOM classés F6 en remblais [Lac C., 1996]

Pour les conditions d'emploi en remblais (qui ne concernent de fait que les matériaux F61 puisque les MIOM ont dû suivre la maturation), le guide technique d'Ile-de-France de novembre 2003 [GTIF, 2003] propose des conditions de compactage différentes en fonction de l'humidité des

55

MIOM et des conditions météorologiques (intensité de pluie, évaporation) au moment de la mise en œuvre. Les matériaux sont utilisables :

- F61 h (humide), dont l'état hydrique est défini par: $10 \leq IPI \leq 20$; ou: $1.2W(OPN) \leq W \leq 1.3W(OPN)$;

- F61 m (moyen), dont l'état hydrique est défini par : $20 \leq IPI$; ou: $0.8W(OPN) \leq W \leq 1.2W(OPN)$;

- F61 s (sec), dont l'état hydrique est défini par : $1.2W(OPN) \leq W \leq 1.3W(OPN)$.

b) Couche de forme

La circulaire ministérielle de 9 Mai 1994, précise en la matière : « les utilisations possibles en techniques routières de MIOM à faible fraction lixiviable sont les suivantes: structure routière ou de parking (couche de forme, couche de fondation ou couche de base) à l'exception des chaussées réservoir ou poreuse ».

Le [SETRA-LCPC, 2000] indique que, sous réserve de prise en compte dans la conduite du chantier de leur relative sensibilité à l'eau, l'ensemble des caractéristiques géotechniques des MIOM classés F61 (coefficients LA et MDE ; Dmax) autorise leur emploi en couches de forme, quel que soit le niveau de trafic de la chaussée à construire. Par conséquent, si dans la phase chantier la couche de MIOM est susceptible d'avoir son état hydrique modifié, ou bien d'être agressée par le trafic, elle devra être protégée par la première couche d'assise.

Comme le précise le [SETRA-LCPC, 2000], en l'absence de données suffisantes quant à un développement assuré d'une rigidité spontanée des MIOM avec le temps, il est raisonnable de ne pas tenir compte de ce phénomène dans le dimensionnement des couches de forme. Même si une évolution positive peut être observée au fil des années, il faut adopter des dispositions constructives basées sur le comportement à court terme. Le [SETRA-LCPC, 2000] propose une grille de dimensionnement et une grille de compactage des couches de forme en MIOM.

c) Assise de chaussée

Le [SETRA-LCPC, 2000] indique que les caractéristiques géotechniques des MIOM (assimilation à des granulats E et sables A) limitent leur emploi strictement à la couche de fondation de chaussées dont le trafic est inférieur ou égal à T4. Pour la conception et le dimensionnement des structures, le [SETRA-LCPC, 2000] renvoie aux règles habituelles du Guide technique de conception et de dimensionnement des structures de chaussées [SETRA-LCPC, 1994], en donnant toutefois des exemples de structures supportant des trafics T5 et T4.

La réalisation d'une couche de roulement directement sur les MIOM (c'est-à-dire sans couche de liaison), est proscrite par le [SETRA-LCPC, 2000] (et déconseillée par [Auriol J. C., 1999]) à cause du risque de déformation ponctuelle déjà observé et provoqué par la formation d'espèces gonflantes (hydroxyde d'aluminium en particulier). Le [SETRA-LCPC, 2000] précise toutefois que ce type de dégradation peut être évité avec une couverture suffisante des MIOM, de l'ordre de 15 cm. Celle-ci servira à exercer une contre-pression.

Selon le Guide technique pour l'utilisation des matériaux régionaux d'Ile-de-France, après l'incinération, le criblage, le déferraillage et le stockage plusieurs mois, les MIOM utilisables sont définis globalement selon les indications du Tableau 1.5.

Tableau 1.5: Guide technique pour l'utilisation des MIOM régionaux d'Ile-de-France

Granulométrie	NF P 18-560	0/20 - 0/25 - 0/31.5
Teneur en fines	Passant à 0.08 mm	5 % à 12 %
Propreté des Sables	NF P 18-597	55 > ES > 30
Valeur au Bleu VBS	NF P 94-068	0.01 < VBS < 0.04
Teneur en imbrûlés	Perte au feu 4h à 500° C	≤ 3 %
Caractéristiques Intrinsèques	P 18 576	$35 \leq LA \leq 50$
	P 18 572	$15 \leq MDE \leq 45$

L'indice portant immédiat (IPI) est une des critères importants pour la valorisation des matériaux en technique routière avec le module d'élasticité (E) et la résistance en traction (Rt) sur le plan mécanique. L'indice portant immédiat est évalué à partir de l'essai Proctor – IPI. Ce paramètre permet d'estimer la stabilité du matériau, c'est-à-dire de caractériser l'aptitude du matériau à supporter la circulation des engins de chantier. Selon les recommandations de la norme française [NF P 98 115], afin d'assurer la circulation normale des machines sur le chantier, les valeurs souhaitables de l'IPI ne doivent pas être inférieures à 35 % pour la couche de fondation et 45 % pour la couche de base. Toutefois, cette norme définit également des valeurs limites inférieures de 25 % et 35 % pour les mêmes couches citées ci-dessus.

1.10.3 Utilisation des MIOM dans d'autres domaines

En dehors de l'application dans le Génie Civil, les MIOM sont utilisés pour la production du verre, du verre - céramique, de la céramique, du ciment et du béton (béton hydraulique, béton d'asphalte et béton léger).

1.10.3.1 Production du verre

La formation d'un verre issu des MIOM apparaît comme une solution prometteuse pour la valorisation et le recyclage des MIOM, car elle permettra de les convertir en des matériaux fonctionnels avec des bonnes propriétés technologies et environnementales.

Les MIOM sont utilisés dans la formation du verre via un procédé de vitrification des déchets solides à 1400° C pendant 2h [Monteiro R. C. C. et al., 2008]. La densité du produit de vitrification est du même ordre que la densité de divers minéraux silicates utilisés dans le traitement des matériaux céramique et verre - céramique. En fait, les MIOM sont potentiellement une source d'oxydes qui sont généralement présents dans les matériaux de verre et de céramique. Le composant principal est SiO_2 (un réseau d'oxyde de verre), mais CaO et Na_2O, Fe_2O_3 et Al_2O_3 sont présents dans une quantité raisonnable et sont combinés avec d'autres oxydes tels que P_2O_5 et TiO_2. Les composants mineurs tels que MnO, ZnO et PbO ont été également trouvés à des pourcentages inférieurs à 1 %. Les phases cristallines principales sont le quartz et le carbonate de calcium. Les phases minéralogiques présentes dans ces déchets se trouvent généralement sous forme de verre et de céramique.

1.10.3.2 Production du verre - céramique

Les MIOM sont vitrifiés à 1400° C. Le verre obtenu est mélangé avec d'autres déchets provenant de la métallurgie et des minéraux des déchets industriels afin d'être utilisé en tant que matière première pour la production du verre - céramique. Les tuiles sont obtenues après un refroidissement à l'air et ont été caractérisées morphologiquement et mécaniquement. Les matériaux frittés, ainsi obtenus, sont de bons candidats pour les applications du bâtiment (tuiles, briques, etc.) [Apprendino P. et al., 2004].

1.10.3.3 Production de la céramique

Le traitement de céramique a été utilisé pour produire de nouveaux matériaux céramiques à partir de la fraction des MIOM inférieure à 8 mm. Les MIOM ont été tamisés, moulus humides, séchés, compactés et frittés à des températures comprises entre 1080° C et 1115° C [Cheeseman C. R. et al., 2003].

Les propriétés des MIOM frittés sont susceptibles d'être similaires à l'argile - céramique. Ceux-ci pourraient donc potentiellement être utilisés dans une gamme d'applications de faible qualité telle que les industriels des tuiles et des toits, des tuyaux et des conduits.

1.10.3.4 Production du ciment

La faisabilité de l'utilisation des MIOM pour le remplacement de matières premières dans la production de ciment est étudiée. Les MIOM contiennent beaucoup de composés inorganiques comme le silicate, le calcium et l'alumine, qui sont les constituants de base de ciment. Par conséquent, les MIOM devraient avoir le potentiel d'être utilisés comme matières premières dans la production de ciment [Shih P. H. et al., 2003]. D'autre part, les composants volatils tels que le chlore, les métaux alcalins ($Na+$, $K+$) et les sulfates sont également abondants dans les MIOM, ce qui peut corroder les fours à ciment, en particulier les chlorures. Par conséquent, la procédure de lavage par l'acide et l'eau a été étudiée pour réduire la quantité de chlorures. Normalement, l'usine de ciment exige que le contenu maximum en chlorure du cru ne dépasse pas 100 ppm. En conséquence, la quantité maximale de MIOM qui peut être ajoutée est de 3.5 % [Pan J. R. et al., 2008].

Pour permettre l'utilisation des MIOM pour la production de ciment, le plus simple est de remplacer le mélange brut dans la production du ciment avec les MIOM. Des résultats montrent que le tamisage, le broyage et des procédés de séparation magnétique sont nécessaires pour retirer les débris, le sel, les éléments métalliques présent dans les MIOM. Il est évident que l'ajout de MIOM n'a pas d'effet sur la composition chimique du clinker.

1.10.3.5 Production du béton

a) Production du béton d'asphalte (béton bitumineux)

Tous les mélanges de béton bitumineux contiennent le liant d'asphalte (bitume), des particules de sol calcaire et des minéraux agrégats. L'agrégat est constitué de minéraux d'agrégat fins (sable) et grossiers (gravier ou pierre). Les MIOM peuvent remplacer une partie des minéraux de remplissage et de l'agrégat (sable et pierre) [Forteza R. et al., 2004].

La distribution granulométrique des particules, la densité et la porosité des MIOM ont été déterminées. Il semble que la quantité de MIOM dans les mélanges de béton d'asphalte peut atteindre un maximum de 65 % en poids. Cependant de manière générale, la quantité de MIOM sera en réalité inférieure à 65 % en raison des variations dans la distribution de la taille des particules, le taux d'humidité élevé des MIOM. La quantité maximale doit donc être estimée au cours de la production [Eymael M. M. T. et al., 1994].

Le lessivage du béton bitumineux contenant les MIOM est très bon. En effet, la concentration de tous les éléments dans le lixiviat est inférieure à la limite de détection. Le cumul de diffusion du béton bitumineux contenant des MIOM est similaire à la diffusion du béton bitumineux sans MIOM. Pratiquement, il n'y avait pas de différences entre le comportement de béton bitumineux fabriqué avec et sans MIOM. Le béton bitumineux contenant des MIOM s'est, de plus, très bien comporté dans les pavés d'asphalte.

D'un point de vue économique, l'utilisation des MIOM comme un minéral d'agrégat en béton bitumineux peut être intéressante. En dépit d'une plus grande demande de liant bitumineux, des suppléments de carburant nécessaire et de la réduction de la charge, il s'avère que l'utilisation d'agrégats fins et grossiers combinés avec la faible unité de poids du MIOM peuvent permettre de réduire les coûts totaux.

Les expériences menées jusqu'à présent montrent que l'utilisation des MIOM en béton bitumineux est possible, malgré leur teneur en humidité, la teneur en poussières et une demande de liant d'asphalte plus élevées.

b) Production du béton hydraulique

Les MIOM (4-20 mm) peuvent également être introduits dans le béton en substitution au gravier. Ce MIOM a montré une plus faible densité, l'augmentation de l'absorption d'eau donne une plus faible résistance qu'avec l'utilisation du gravier naturel. Les MIOM pourraient donc être considérés comme des agrégats de qualité moyenne pour le béton. De plus, ce matériau n'est pas très agressif vis-à-vis de l'environnement. Lors du remplacement des graviers dans le béton, des émissions de gaz ont lieu, ce qui conduit à un matériau poreux et très peu résistant. Des fissures sont apparues après 28 jours de maturation dans l'eau et le béton a été entièrement détruit après 90 jours. Ce phénomène résulte de la réaction entre l'aluminium métallique présent dans les MIOM et la porlandite dans les ciments Portland. Un traitement proposé consister à immerger les MIOM dans une solution d'hydroxyde de sodium pendant 15 jours. Ces MIOM traités peuvent remplacer en partie le gravier naturel (jusqu'à 50 %) dans le béton sans affecter sa durabilité [Pera J. et al., 1997].

c) Production de béton léger

Les bétons légers sont économiques et respectueux de l'environnement, cellulaires et légers. Ils permettent l'isolation thermique et acoustique et assure une bonne résistance au feu. Il est un choix d'énergie effective pour le climat froid et modéré à l'extérieur où la température fluctue fréquemment. La poudre d'aluminium a toujours été utilisée comme l'agent d'aération dans le processus de fabrication des bétons légers. La réaction entre la poudre d'aluminium et l'alcalin contenus dans le béton produit du dioxyde d'hydrogène qui est à l'origine de la macro-porosité de la matrice de ciment, de chaux, de sable et d'eau. Par conséquent, les MIOM contenant des résidus d'aluminium pourraient potentiellement utilisés dans la fabrication des bétons légers sous traitement approprié [Qiao X. C. et al., 2008]. D'ailleurs, la densité et la résistance des échantillons contenant de MIOM sont appropriées pour être utilisés comme des blocs de béton léger.

Afin de répondre aux exigences de la construction, les bétons légers possèdent habituellement des caractéristiques de porosités élevées, une densité relative faible et une haute résistance. Il est possible de produire un béton léger moyennement écrasé en utilisant la fraction moyenne des MIOM et du ciment Portland. L'écrasement des fractions moyennes 14 - 40 mm des MIOM et le tamisage à moins de 5 mm a pour effet de produire un échantillon plus homogène. Le traitement thermique présente un certain nombre d'effets sur les MIOM écrasés notamment la décomposition du $CaCO_3$, la formation de nouvelles phases minérales, la réduction de la teneur en carbone organique et l'augmentation de la réactivité.

1.10.4 Désordres géotechniques et restriction d'emploi

L'utilisation des MIOM sans précautions particulières peut conduire à des désordres spécifiques au mode de traitement. Un des problèmes majeurs apparaissant lors de leur mise en œuvre est le gonflement. Il est très difficile de quantifier ce gonflement. Le gonflement cause des problèmes comme la fissuration et la perte de résistance mécaniques etc.

Le gonflement des MIOM a trois origines : l'aluminium métal, l'ettringite ainsi que la chaux et la magnésie libres [Djiele L. P., 1996; Lefèvre J., 1998; Abriak N. E., 2004].

1.10.4.1 Gonflement dû à l'aluminium

Le gonflement dû à l'aluminium est modélisé par trois étapes :

62

- La dissolution des particules d'aluminium métal en ions AlO_2 à pH élevé (pH>10) suivant l'équation suivante:

$$4Al + 4OH + 4H_2O \Rightarrow 4AlO_2 + 6H_2$$

- La baisse du pH au cours du temps par la carbonations de la chaux par le gaz carbonique de l'air

- La précipitation des ions AlO_2 en ions $Al(OH)_3$ suivant l'équation:

$$AlO_2 + 2H_2O \Rightarrow Al(OH)_3 + OH$$

La formation $Al(OH)_3$ s'accompagne d'une augmentation de volume si la pression des couches supérieures est faible.

1.10.4.2 Gonflement dû à l'ettringite

Des analyses physico-chimiques des MIOM mettent en évidence un autre type de gonflement. C'est la formation des cristaux d'ettringite à la suite de la saturation de l'eau interstitielle par les espèces chimiques présentes.

Cette formation d'ettringite induit des gonflements qui fissurent la matrice. La réaction chimique est la suivante:

$$Al_2O_3 + 3CaSO_4 + 3Ca(OH)_2 + 28H_2O \Rightarrow (CaO)_2(Al_2O_3)(CaSO_4)_3(H_2O)_{31}$$

1.10.4.3 Gonflement dû à la chaux et à la magnésie libre

Après la sortie du four d'incinération et avant leur refroidissement, les MIOM contiennent des éléments pouvant induire un gonflement : la chaux vive CaO et la magnésie MgO. L'eau du processus de refroidissement des MIOM éteint une partie de la chaux.

$$CaO + H_2O \Rightarrow Ca(OH)_2$$

Par contre, la réaction d'hydratation de la magnésie est lente et cause une augmentation de volume apparent de 120 %. On sait que la magnésie sous forme vitreuse n'est pas expansive.

1.10.4.4 Solutions pour remédier des désordres géotechniques

Il faut garder à l'esprit qu'un MIOM même maturé a encore un potentiel de gonflement lorsqu'un liant hydraulique est rajouté. Plusieurs solutions existent pour remédier aux désordres géotechniques :

- Séparer les particules métalliques d'aluminium des MIOM à l'aide d'une machine à courants de Foucault. Cette opération peut être limitée à la fraction grossière qui contient les particules incriminées ;

- Recouvrir les MIOM dans la chaussée d'au moins 15 cm par d'autres matériaux. Cette épaisseur est en général suffisante pour éviter toute apparition de gonflement en surface ;

- Ne pas mettre les MIOM directement sous un enduit gravillonné même réputé étanche car l'humidité résiduelle est suffisante pour faciliter les réactions produisant les désordres ponctuels ;

- Éviter d'utiliser des MIOM trop chargés en sels solubles comme les sulfates, assurer de la bonne maturation du MIOM et jouer sur la formulation du liant.

1.11 Retour d'expérience sur le comportement des MIOM

La valorisation des MIOM n'est pas une nouveauté. En effet, malgré les critiques, la ville de Toulouse utilise les MIOM depuis 1926 dans ses travaux urbains [Piantone P., 2004].

Dans cette partie, quelques exemples d'application des MIOM en Génie Civil et le comportement mécanique et environnemental de deux anciennes réalisées avec des MIOM sont présentés.

1.11.1 Quelques exemples d'emploi en France en Génie Civil

Depuis quelques années déjà, l'industrie routière française utilise les MIOM comme matériaux de remblai, de couche de forme ou couche de chaussée dans les voiries secondaires ou dans des ouvrages à plus fort trafic (Tableau 1.6).

Tableau 1.6: Quelques exemples d'emploi en France de MIOM en géotechnique routière

Année	Site	Localisation dans l'ouvrage	Quantité
1976	Voie d'accès à la Teste	Couche de fondation	
1978	Chaussée urbaine au Mans	Couche de fondation	
1989	Eurodisney	Couche de forme	80 000 t
1994	Déviation de Malzéville	Couche de forme	10 000 t
1994	Rocade Nord Ouest de Lille	Couche de forme	83 000 t
1996	Boulevard périphérique Est de Lille	Couche de forme	60 000 t
1996	Voiries urbaines d'Alpes Maritime	Remblai	6 000 t
1996	Gare SNCF (Stade de France)	Remblai	12 000 t
1997	Liaison RN1-gare RER D	Couche de forme	10 000 t
1997	Échangeur de Faches-Thumesnil	Couche de forme	15 000
1997 1998	Route départementale Leers – Wattrelos	Couche de forme	82 000 t
1998	Rocade Sud de Strasbourg	Remblai	260 000 t
1998	Eurodisney	Couche de fondation	37 000 t
1998	Voie rapide urbaine 5 bis Lille	Couche de fondation traitée	2 000 t
1999	Parking Aéroport de Lesquin	Couche de forme	2 000 t
1999	Sainghin en Melantrois RD 19	Couche de forme	6 000 t
1999	Avelin RD 549	Couche de forme	10 000 t

1.11.2 Comportement mécanique et environnemental de deux anciennes chaussées réalisées avec des MIOM

Les connaissances sur l'évolution physico-chimique des MIOM à l'intérieur des corps de chaussées ainsi que leur proche environnement (sol sous-jacent) sont encore limitées. Deux inspections de chaussées qui ont été faites en 1999 : à la Teste et au Mans (en France) sont présentées [François

D. et al., 2000; François D., 2001]. Nous nous sommes intéressés à ces deux exemples du fait qu'il s'agit des plus anciennes chaussées en service.

Le premier site est la voie d'accès à l'usine d'incinération du District Sub Bassin à la Teste (Gironde). Le second site est une chaussée urbaine de la commune du Mans (Sarthe). Les MIOM ont été placés en couche de fondation respectivement en 1976 et 1978.

La chaussée à La Teste est fréquentée par 30 à 40 poids lourds par jour. Le sol naturel est du sable provenant de la forêt des Landes et la structure a été revêtue tardivement d'une couche de béton bitumineux. La chaussée au Mans supporte un trafic de 12000 véhicules journalier et une ligne de bus. Le transit de poids lourds est interdit dans ce secteur, le sol étant d'origine naturelle et limoneuse.

En fait, les MIOM utilisés sur ces deux sites ont été mis en place avant la mise en application de l'arrêté ministériel 25/01/1991. Cela signifie que les MIOM utilisés à l'époque sur ces deux sites n'étaient pas séparés des résidus d'épuration des. Les matériaux utilisés pour ces deux sites pouvaient donc contenir des cendres volantes et étaient mis en œuvre sans préparation, ni prescription technique particulière.

1.11.2.1 Protocoles d'étude

Les inspections se composent d'une inspection externe (appréciation visuelle de l'état général et mesure de déflexion) et d'une inspection interne (mesure de la masse volumique en place et de la teneur en eau). Ces inspections sont complétées par des essais en laboratoire : analyse granulométrique, essais Proctor Modifié et CBR immédiat, analyse chimique, essai de lixiviation.

Les échantillons des sols sous-jacents à différentes profondeurs ont été analysés pour apprécier une éventuelle migration des polluants à partir des MIOM. Les sols avoisinants ont aussi été analysés pour évaluer l'impact lié aux MIOM.

1.11.2.2 Observations par rapport aux sites de chaussés

Après plus de vingt ans, les chaussées et les matériaux ont obtenu des résultats positifs aux divers essais auxquels ils ont été soumis. Ainsi les observations n'ont montré aucun désordre dans la structure des chaussées, une bonne déflexion pour des chaussées souples, aucune pollution des sols sous-jacents, une très faible relargage, une bonne portance, une bonne distribution granulométrique. Les MIOM utilisés n'ont pas provoqué d'impact notoire sur la qualité des sols.

Les inspections de chaussées ont également montré une hétérogénéité du matériau et une sensibilité de sa portance aux variations de teneur en eau.

Avant utilisation, les MIOM n'ont pas été séparés des cendres volantes. Par conséquent, la fraction soluble des MIOM en place est relativement faible.

L'influence des MIOM sur les sols sous-jacents est essentiellement perceptible à travers la conductivité électrique, la teneur en sulfates et le pH. Cette influence s'estompe néanmoins en profondeur.

1.12 Conclusion

Chaque année, une grande quantité des MIOM est produite à l'échelle mondiale. En France, près de 3 millions de tonnes de MIOM sont produites annuellement. L'augmentation constante de production soulève de plus en plus des préoccupations notamment de la part des producteurs des MIOM. Plusieurs contextes législatifs ont très tôt porté sur le devenir des MIOM tels que la Circulaire du 9 mai 1994, qui porte sur la réglementation de la gestion et l'utilisation des MIOM.

Après sa sorti de four d'incinérateur, les MIOM sont dirigés vers l'Installation de Maturation et d'Elaboration. Dans les IME, les MIOM subissent différentes opérations visant les débarrasser de certains éléments grossiers et/ou métalliques (ferreux et non ferreux). En France, une cinquantaine des IME traite environ 70 % de 3 millions de tonnes de MIOM produites chaque année. Les 30 % sont soit valorisés sans passer par les IME, soit éliminés en installation de stockage de déchets non dangereux. La répartition de cette production est très disparate. En effet, près de 50 % des MIOM produits proviennent des régions Ile-de-France, Rhône-Alpes, et Provence-Côte d'Azur.

La composition des ordures ménagères, qui constituent la matière première des MIOM, varie selon les régions, les zones d'habitat, les saisons et l'influence de tri. Ceci entraîne une grande hétérogénéité des MIOM. Les études se basant sur les caractéristiques chimiques, géotechniques et environnementales des MIOM montrent qu'en complément de la simple maturation, des traitements appropriés, notamment à l'aide de liants hydrauliques, peuvent être envisagés afin d'améliorer les qualités géotechniques et de réduire le potentiel polluant des MIOM.

Actuellement, la valorisation des MIOM peut intéresser plusieurs domaines tels la production de verre, de verre-céramique, de céramique, de ciment, de béton ainsi que le Génie Civil. L'utilisation des MIOM dans le Génie Civil représente 80 % du marché. Les MIOM sont utilisés pour la réalisation de remblais et couches de chaussées, de parking et d'assainissement. En France, les MIOM sont utilisés à partir des années de 50.

Les études concernant l'utilisation et la gestion des MIOM se concentrent principalement sur l'aspect environnemental et peu d'étude ont été menées sur le comportement mécanique des MIOM. Leurs utilisations reposent essentiellement sur la base de considérations empiriques, par analogie à d'autres matériaux pulvérulents. C'est pourquoi, il est nécessaire d'améliorer l'état des connaissances portant sur le comportement mécanique des MIOM.

Chapitre 2
Comportement rhéologique des sols

2.1 Loi de comportement

Les matériaux en Génie Civil ont été et sont encore très largement étudiés pour dimensionner les ouvrages et les structures ainsi que pour déterminer leur comportement à court ou long terme [Mestat P., 1993]. Ils sont assimilés à des milieux continus dont le comportement est représenté par une loi décrivant la relation entre les contraintes et les déformations. La loi de comportement traduit, lorsque l'on passe d'un matériau à un autre, les différences de comportement constatées expérimentalement sous l'effet d'actions extérieures.

L'élaboration de la loi de comportement se base d'une part sur l'analyse de résultats expérimentaux en laboratoire et in-situ ; et d'autre part sur l'utilisation des mécanismes physiques. L'expérience permet de tracer les courbes de contraintes – déformations (σ, ε) qui représentent les relations empiriques constituant les lois de comportement.

D'après les rhéologues, plusieurs types de lois de comportement sont à distinguer selon les caractères des comportements des matériaux tels que l'élasticité, la viscosité, la plasticité et leurs combinaisons (élastoplasticité, viscoélasticité, viscoplasticité). Il est observable que sur de nombreux matériaux la courbe (σ, ε) présente deux parties distinctes : une partie linéaire correspondant à un comportement réversible du matériau (élasticité) et une partie non linéaire correspondant à un comportement irréversible à partir de la limite élastique (Figure 2.1)

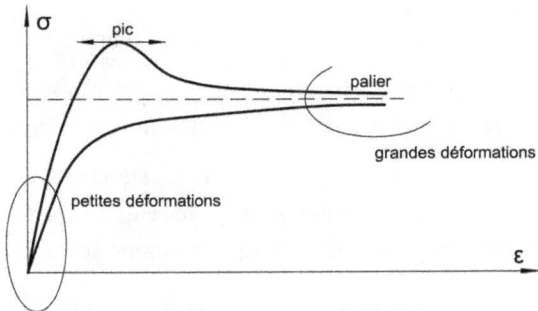

Figure 2.1: Courbe contrainte – déformation

2.2   Le comportement élastique

Le comportement élastique est caractérisé par la réversibilité : le chemin de réponse du matériau en « décharge » est confondu avec le chemin de première « charge ». D'une manière plus générale, le comportement est dit élastique lorsque l'histoire du chargement n'intervient pas et qu'un état de contraintes correspond à un unique état de déformation.

Simplement, on peut distinguer 2 types de comportement élastique :

- le comportement élastique linéaire ;
- le comportement élastique non linéaire.

2.3   Le comportement plastique

Le comportement plastique est caractérisé par un seuil de contrainte au dessus duquel les déformations deviennent irréversibles. Ce type de comportement macroscopique est caractéristique de la plupart des matériaux (métaux, bétons, sols et roches).

En adoptant le concept de déformation plastique dans les calculs, la déformation observée est désormais appelée « déformation totale » et peut être décomposée entre une déformation réversible (élastique) et une déformation irréversible (plastique) :

71

$$\varepsilon^{totale} = \varepsilon^{élastique} + \varepsilon^{plastique} \quad (2\text{-}1)$$

Simplement, on peut distinguer 2 types de comportement plastique :

- le comportement parfaitement plastique : le seuil de plasticité actuel est indépendant de la déformation plastique actuel ;

- le comportement plastique avec écrouissage (écrouissage négatif ou écrouissage positif) : le seuil de plasticité actuel est une fonction de la déformation plastique actuelle.

2.4 Les types de modèle de comportement étudiés

Une loi de comportement est significative si elle peut représenter le mieux possible l'ensemble des aspects de la réponse du sol aux sollicitations qui lui sont imposées. Diverses formulations de modèles de comportement ont pu être établies pour caractériser le comportement des sols, mais leur validation expérimentale n'est que partiellement établie.

En pratique, un bon modèle de comportement doit admettre une forme suffisamment simple pour être utilisable par une autre personne que son auteur et une forme adaptée à son introduction dans un code de calcul numérique en déformation. Il doit comporter un nombre limité des paramètres mécaniques faciles à identifier à partir des données expérimentales courantes.

Les lois rhéologiques pour les sols étant très nombreuses, nous ne prétendons pas dans le cadre de ce travail les étudier toutes. Nous choisissons seulement un représentant de certaines classes des lois de comportement. Ainsi :

- pour le comportement élastique linéaire: la loi de Hooke ;

- pour le comportement élastique non linéaire: les lois de Duncan ;

- pour le comportement élastique parfaitement plastique: le critère de Mohr-Coulomb, le critère de Von Mises et le critère de Drucker-Prager ;

- pour le comportement élastoplastique avec écrouissage adapté aux argiles: la loi de Cam-Clay ;

- pour le comportement élastoplastique avec écrouissage adapté aux sables: la loi de Nova ;

- pour le comportement élastoplastiques à deux surfaces de charge adapté aux sables: la loi de Vermeer.

2.5 Modèle de comportement élastique

2.5.1 Loi de comportement élastique linéaire

Le comportement élastique linéaire signifie que le tenseur des déformations est proportionnel au tenseur des contraintes au cours du chargement. Robert Hooke a découvert ce type de comportement et publia la loi qui porte son nom en 1678 dans *De Potentia Restituva* (cité par Mestat P., 1993). D'après Hooke, la relation contrainte – déformation est linéaire, caractérisée par deux paramètres : un module d'élasticité axial de Young E dans le cas d'un essai de compression ou traction simple, ou par le module de cisaillement G pour un essai de cisaillement simple (Figure 2.2) et le coefficient de Poisson v.

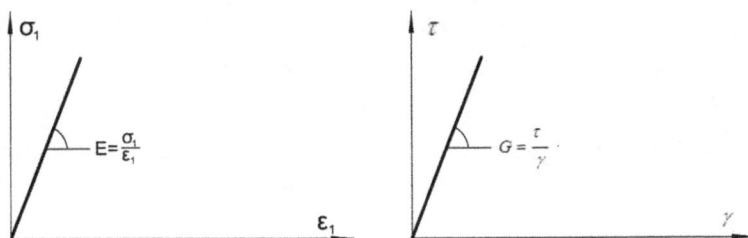

Figure 2.2: Loi de comportement élastique linéaire

2.5.2 Loi de comportement élastique non linéaire

Le comportement élastique non linéaire des matériaux est un fait expérimentalement bien défini, surtout pour les sols. Les essais sur le sol révèlent que dès les premiers chargements il y a une non-proportionnalité entre les contraintes et les déformations.

Plusieurs types de loi élastiques non linéaire ont été développés : quasi-linéaire, non linéaire continues (hypoélastiques et hyperélastique) [Abriak N. E., 1989]. Dans cette partie, l'intérêt porte sur la loi de Duncan qui se base sur une approximation hyperbolique des courbes de comportements contrainte – déformation obtenues dans un essai triaxial de compression drainée.

2.5.2.1 Modèle de Duncan et Chang (1970)

A partir de résultats d'essais triaxiaux, Kondner [Kondner R. L., 1963] a proposé une relation hyperbolique pour décrire le comportement des sols (Figure 2.3).

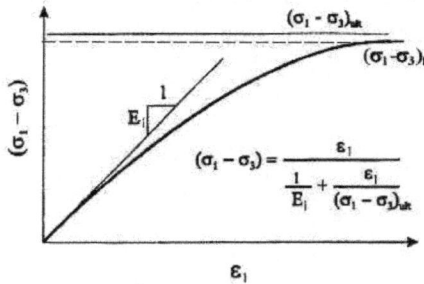

Figure 2.3: Représentation de la loi hyperbolique pour la description du comportement des sols

Cette relation s'exprime sous la forme suivante :

$$\sigma_1 - \sigma_3 = \frac{\varepsilon_1}{\dfrac{1}{E_i} + \dfrac{\varepsilon_1}{(\sigma_1 - \sigma_3)_{ult}}} \qquad (2\text{-}2)$$

où

E est le module de Young

ε_1 la déformation axiale

$(\sigma_1 - \sigma_3)_{ult}$ est la valeur asymptotique de la contrainte déviatorique $(\sigma_1 - \sigma_3)$

$(\sigma_1 - \sigma_3)_f$ est la contrainte déviatorique à la rupture avec la valeur de σ_3 appliquée

σ_1 et σ_3 représentant les contraintes principales extrêmes $(\sigma_1 > \sigma_2 > \sigma_3)$

Les valeurs de $(\sigma_1 - \sigma_3)_{ult}$ et de $(\sigma_1 - \sigma_3)_f$, déviateur à la rupture du sol sont liées par le rapport constant de rupture R_f, tel que :

$$(\sigma_1 - \sigma_3)_f = R_f (\sigma_1 - \sigma_3)_{ult} \quad (2\text{-}3)$$

Le déviateur à la rupture $(\sigma_1 - \sigma_3)_f$ est déterminé par le critère de Mohr-Coulomb :

$$(\sigma_1 - \sigma_3)_f = \frac{2c.\cos\varphi + 2\sigma_3\sin\varphi}{1 - \sin\varphi} \quad (2\text{-}4)$$

où c et φ sont la cohésion et l'angle de frottement interne du sol.

Duncan et Chang ont complété la loi hyperbolique proposée par Kondner en y introduisant le module tangent initial proposé par [Janbu N., 1963] :

$$E_i = K_h p_a \left(\frac{\sigma_3}{p_a} \right)^n \quad (2\text{-}5)$$

où K_h et n désignent des paramètres expérimentaux (Figure 2.4) et p_a une pression de référence prise égale à la pression atmosphérique.

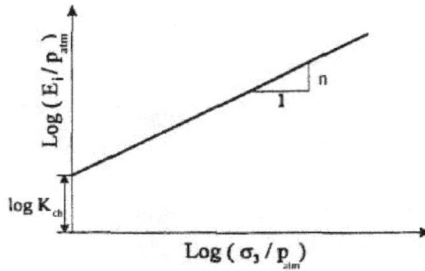

Figure 2.4: Détermination de Kh et n

En déchargement et en rechargement, le module se calcule selon :

$$E_{ur} = K_{ur} p_a \left(\frac{\sigma_3}{p_a} \right)^n \quad (2\text{-}6)$$

où K_{ur} est généralement plus grand que la constante K_h

Le modèle de Duncan et Chang (1970) [Duncan J. M. et Chang C. Y., 1970] comporte 9 paramètres : $E, v, K_h, K_{ur}, n, R_f, c, \varphi$ et p_a

2.5.2.2 Modèle de Duncan et al. (1980)

Duncan et al. (1980) [Duncan J. M.et al., 1980] proposent d'introduire le module de compressibilité volumique tangent k_t et le coefficient de Poisson tangent v_t , donnés par les deux expressions suivantes :

$$K_t = K_b p_a \left(\frac{\sigma_3}{p_a} \right)^m \quad (2\text{-}7)$$

$$v_t = \frac{3K_t - E_t}{6K_t} \quad (2\text{-}8)$$

où K_b et m désignent des paramètres expérimentaux (Figure 2.5)

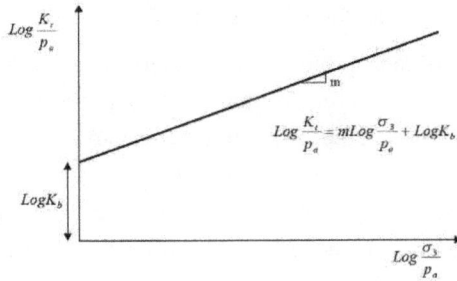

Figure 2.5: Détermination Kb et m

Le modèle de Duncan et al. (1980) comporte 11 paramètres : $E, \nu, K_h, K_{ur}, n, K_b, m, c, \varphi, R_f$ et p_a

De nombreux calculs par la méthode des éléments finis ont été effectués à l'aide de ce modèle. Il est, cependant, impossible de justifier cette loi pour d'autres chemins de contraintes que ceux ayant servis à son élaboration. Dans cette loi, les incréments de contrainte et de déformation ont les mêmes directions principales, ce qui est en contradiction avec les constatations expérimentales [Loret B., 1981]. D'ailleurs, elle ne peut pas prédire un comportement dilatant avant rupture [Dolzhenko N., 2002].

2.6 Modèle de comportement élastoplastique

La théorie de l'élastoplasticité a été essentiellement développée dans le cadre de l'étude du comportement des métaux, à partir des résultats de Von Mises (1913), de Koiter (1960) et de Mandel (1965) [Mestat P., 1993]. Depuis son utilisation par Schofield et Worth (1968) [Schofield A. et Worth P., 1968] pour décrire le comportement des argiles (modèle Cam-Clay), la théorie de l'élastoplasticité a été largement étendue à l'étude du comportement des sols [Bahda F., 1997].

Les modèle élastoplastiques se fondent sur quatre notions fondamentales : la surface de rupture, la surface de charge, la règle d'écrouissage et la règle d'écoulement.

2.6.1 Notion de surface de rupture

La rupture d'une éprouvette de matériau se produit lorsque l'on observe une résistance maximale, puis un palier d'écoulement. L'état de contrainte correspondant à ce maximum est adapté à l'état de contrainte à la rupture. Pour un matériau donné, l'ensemble de ces résistances maximales atteintes définit une surface dans l'espace des contraintes principales quelles que soient les conditions de chargement. Cette surface est appelée surface ou critère de rupture.

2.6.2 Notion de surface de charge

La frontière entre un domaine élastique (partie réversible) et un domaine plastique (partie de déformations irréversibles) est caractérisée par une fonction scalaire F de la contrainte (σ_{ij}), appelée fonction de charge du matériau et telle que :

- $F(\sigma_{ij}) < 0$ Intérieur de la surface, ce domaine est élastique ;

- $F(\sigma_{ij}) = 0$ État correspondant à la frontière du domaine ;

- $F(\sigma_{ij}) > 0$ État correspondant à l'extérieur du domaine.

On appelle également critère d'élasticité $F(\sigma_{ij}) < 0$, et critère de plasticité $F(\sigma_{ij}) = 0$

Lorsque le point représentatif de l'état des contraintes atteint la surface de charge $F(\sigma_{ij}) = 0$, deux cas de comportement élastoplastiques sont possibles :

- La surface de charge n'évolue pas et l'expression de la surface de charge ne contient donc pas de paramètre d'écrouissage ;

- La surface de charge évolue au cours du chargement (modèle élastoplastique avec écrouissage).

2.6.3 Notion d'écrouissage

La Figure 2.6 représente la courbe contrainte – déformation relevée au cours d'une expérience de traction ou de compression uniaxiale [Dolzhenko N., 2002].

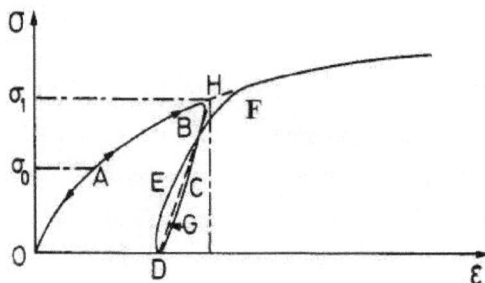

Figure 2.6: Essais de compression uniaxiale

Le long du chemin OA, lors d'une décharge, on revient au point O, c'est-à-dire que le comportement est élastique. Le point A est le point limite ou « seuil » de plasticité initiale ou « limite élastique », au-delà duquel le comportement n'est plus élastique. Après l'avoir dépassé (comme par exemple au point B) si l'on décharge, le chemin de déchargement ne sera pas BAO mais BCD, c'est-à-dire que le comportement est plastique. La déformation résiduelle OD = ε^p est une déformation irréversible. Si on recharge, le chemin sera DEF, F étant le prolongement du chemin OAB. Il rejoint alors le chemin du premier chargement.

On peut considérer en général la courbe BCDEF avec la droite DGH et admettre que les déformations sont réversibles le long de cette ligne. Le nouveau seuil de plasticité est alors le point H qui est plus élevé que le précédent (A). Cette élévation du seuil de plasticité s'appelle l'écrouissage.

L'écrouissage du matériau se traduit par l'évolution de la surface du seuil de plasticité. On introduit donc une ou plusieurs variables supplémentaires, appelées variable d'écrouissage.

2.6.4 Notion de potentiel plastique et règle d'écoulement

On suppose que (σ_{ij}, k) est un état de contrainte et un état d'écrouissage d'une étape de chargement donnée. Si cet état est tel que $F(\sigma_{ij}, k) < 0$, alors (σ_{ij}) est à l'intérieur du domaine élastique actuel, la déformation est donc purement élastique :

$$d\varepsilon_{ij} = d\varepsilon_{ij}^e \quad (2\text{-}9)$$

Si cet état est tel que $F(\sigma_{ij}, k) > 0$, alors (σ_{ij}) est l'extérieur du domaine élastique, dans ce cas le comportement du matériau doit être décrit. Si l'état de contrainte actuel (σ_{ij}) est situé sur la surface de charge et a tendance à entrer dans cette surface le matériau est considéré en déchargement. Les déformations totales sont élastiques ($d\varepsilon_{ij}^p = 0$). Si l'état de contrainte actuel (σ_{ij}) est situé sur la surface de charge et a tendance à sortir de cette surface le matériau est considéré en chargement. Les déformations totales :

$$d\varepsilon_{ij} = d\varepsilon_{ij}^e + d\varepsilon_{ij}^p \quad (2\text{-}10)$$

La règle d'écoulement plastique a pour objet d'exprimer $(d\varepsilon_{ij}^p)$ en fonction de la contrainte (σ_{ij}) et de l'état d'écrouissage k. L'incrément de déformation plastique $(d\varepsilon_{ij}^p)$ est caractérisé par sa direction et son amplitude, la direction de l'incrément de déformation plastique est perpendiculaire à la surface définissant le potentiel plastique $G(\sigma_{ij}) = 0$. Le vecteur incrément de déformations plastiques peut être exprimé par la règle d'écoulement suivante :

$$\dot{\varepsilon}_{ij}^p = \dot{\lambda} \frac{\partial G}{\partial \sigma_{ij}} \quad (2\text{-}11) \text{ avec } \dot{\lambda} \geq 0 \text{ (multiplicateur plastique)}$$

Si le potentiel plastique G est confondu avec la surface de charge F, il est dit associé. Dans ce cas, l'incrément vectoriel de déformation plastique est normal à la surface de charge et le matériau satisfait la règle de normalité. Si G est différent de F, il est dit non associé.

On introduit également, lorsqu'il y a écrouissage, la variable $H(\sigma_{ij}, k)$, appelée module d'écrouissage et définie par la relation :

$$Hd\lambda = \frac{\partial F}{\partial \sigma_{ij}} d\sigma_{ij} \quad (2\text{-}12)$$

2.6.5 Modèles élastoplastiques parfaites

Pour ce type de modèles, la fonction de charge est confondue avec le critère de rupture. A l'intérieur du critère de rupture (F<0), le comportement du matériau est supposé élastique linéaire isotrope ou anisotrope (loi de Hooke). Sur la surface de charge (F=0), le comportement est considéré comme parfaitement plastique.

Ces modèles sont des modèles ouverts sur l'axe de compression isotrope, ce qui n'est pas réaliste pour représenter le comportement des sables et des argiles. Cependant, ces modèles peuvent être utilisés pour les calculs d'ouvrages par la méthode des éléments finis, lorsque l'on ne connaît pas très bien la structure et les caractéristiques du sol en place.

Les critères les plus utilisés en Génie Civil : Mohr-Coulomb, Von Mises et Drucker-Prager sont présentés ci-dessous.

2.6.5.1 Le critère de Mohr-Coulomb

Le premier critère de plasticité en mécanique des sols a été proposé par Coulomb en 1773. Ce critère est utilisé pour les sols pulvérulents (par exemple les sables) et pour les sols cohérents à long terme (par exemple les argiles et les limons). Le critère de Tresca est un cas particulier du critère de Mohr-Coulomb qui est utilisé pour les sols cohérents à court terme.

Ce critère est le plus simple et le plus utilisé par les ingénieurs pour les études courantes ; il se compose de deux droites symétriques dans le plan de Mohr, inclinées d'un angle φ (angle de frottement interne du matériau) par rapport à l'axe des contraintes normales. L'équation de ces droites est la suivante :

$$F = \sigma_1 - \sigma_2 - (\sigma_1 + \sigma_3)\sin\varphi - 2c.\cos\varphi = 0 \quad (2\text{-}13)$$

où σ_1 et σ_3 représentent les contraintes principales extrêmes, et c la cohésion du matériau. Lorsque $\varphi = 0$, le critère est appelé critère de Tresca.

Dans l'espace des contraintes principales $(\sigma_1, \sigma_2, \sigma_3)$, la surface définie par la fonction de charge F est une pyramide de base hexagonale et d'axe de droite d'équation $\sigma_1 = \sigma_2 = \sigma_3$ (Figure 2.7)

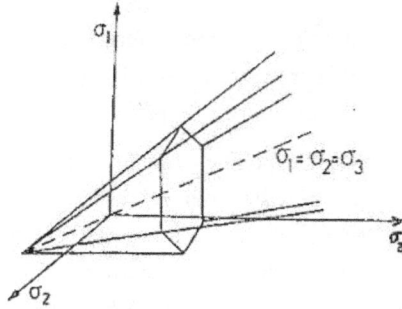

Figure 2.7: Critère de Mohr-Coulomb

La loi de comportement de Mohr-Coulomb comprend 5 paramètres : E, ν, c, φ, ψ. Où ψ est l'angle de dilatance.

Le critère de Mohr-Coulomb ne fait pas intervenir la contrainte intermédiaire σ_2 ; en conséquence, l'angle de frottement du matériau est le même en compression triaxiale $(\sigma_2 = \sigma_3)$ et en extension triaxiale $(\sigma_1 = \sigma_2)$. Or, les expériences conduites récemment, notamment sur les sables, tendent à montrer qu'il existe une différence entre les deux angles, et que l'angle en extension est supérieur à l'angle en compression. Par ailleurs, des essais en déformation plane donnent également des angles de frottement plus élevés (de l'ordre de 3° et 5° plus grands), que ceux en compression triaxiale [Mestat P., 1993; Abriak N. E, 1995].

2.6.5.2 Le critère de Von Mises

Von Mises propose un critère de rupture qui prend en compte la contrainte intermédiaire. Ce critère de rupture dépend du deuxième invariant du tenseur des contraintes déviatoriques J_2 :

$$F(\sigma) = J_2(\sigma) - k^2 = s_{ij}s_{ij}/2 - k^2 = 0 \quad (2\text{-}14)$$

avec s_{ij} le tenseur des contraintes déviatoriques, et k une constante, représentant la résistance maximale du matériau au cisaillement simple.

Dans l'espace des contraintes $(\sigma_1, \sigma_2, \sigma_3)$, la surface définie par la fonction de charge F est un cylindrique de révolution parallèle à l'axe d'équation: $\sigma_1 = \sigma_2 = \sigma_3$. Sa section par le plan déviatoire $(\sigma_1 + \sigma_2 + \sigma_3 = 0)$ est un cercle (Figure 2.8).

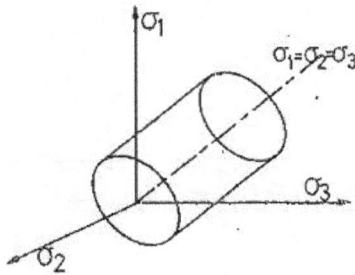

Figure 2.8: Critère de Von Mises

La loi de comportement de Von Mises comporte 3 paramètres : E, ν, k

Ce critère a été formulé pour étudier le comportement des métaux, et il n'est pas adapté à la représentation du comportement des sols dans la mesure où il ne fait pas intervenir la contrainte moyenne dans son expression [Mestat P., 1993; Abriak N. E, 1995].

2.6.5.3 Le critère de Drucker-Prager

Le critère de Drucker-Prager (1952) constitue une généralisation du critère de Von Mises aux matériaux pulvérulents, prenant en compte le premier invariant du tenseur des contraintes J_1 et le deuxième invariant du tenseur des contraintes déviatoriques J_2 :

$$F(s) = \sqrt{J_2} - \alpha J_1 - \beta = 0 \quad (2\text{-}15)$$

avec $J_1 = \sigma_1 + \sigma_2 + \sigma_3$, α et β deux constantes liées à l'angle de frottement interne et à la cohésion du matériau.

Dans l'espace des contraintes principales $(\sigma_1, \sigma_2, \sigma_3)$, la surface définie par la fonction de charge F est un cône dont le sommet se trouve sur l'axe d'équation : $\sigma_1 = \sigma_2 = \sigma_3$. Sa section dans le plan déviatoire est un cercle (Figure 2.9).

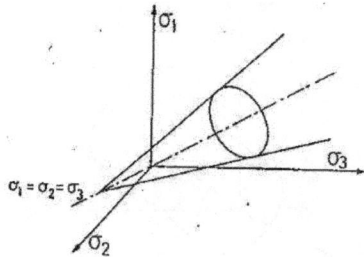

Figure 2.9: Critère de Drucker-Prager

La loi de comportement de Drucker-Prager comprend 5 paramètres : E, ν, k, α, β

Pour le critère de Drucker-Prager ; les angles de frottement en compression sont limités à des valeurs faibles dans le cas des sables. En effet l'angle de frottement maximum que le matériau peut donner en extension est de 90°, d'où en reportant dans le critère, on déduit la valeur de $\alpha = 0.408$ $(\beta = 0)$. A partir de cette valeur, on peut calculer l'angle de compression maximale, soit 36.87°. Ceci signifie que l'angle de frottement du sable ne peut pas dépasser cette valeur en compression triaxiale [Mestat P., 1993]. Or de nombreux résultats expérimentaux démontrent le contraire ; par conséquent, il devient évident que le critère de Drucker-Prager n'est pas adapté à la modélisation des sables.

2.6.6 Modèles élastoplastiques avec écrouissage

Par rapport aux autres types de modèle, le modèle élastoplastique avec écrouissage permet ainsi de mieux décrire les étapes intermédiaires, observées sur les essais de laboratoire, entre l'apparition des premières irréversibilités et l'instant de la rupture d'une éprouvette de matériau (métaux, sols, bétons, roches). L'écrouissage se traduit mathématiquement par une évolution de la surface de charge dans l'espace des contraintes.

L'analyse expérimentale a permis l'élaboration de lois de comportement plus ou moins complexes, aptes à rendre compte des principaux phénomènes mécaniques observés sur des échantillons de sol. Parmi l'ensemble des lois élastoplastiques avec écrouissage proposées certaines sont très intéressantes par leur relative simplicité et leur faible nombre de paramètres à identifier. Il s'agit, pour les argiles, de la loi Cam-Clay, et pour des sables, de la loi de Nova et de la loi de Vermeer.

2.6.6.1 Les modèles de Cam-Clay

Le modèle de Cam-Clay est un des modèles élastoplastiques, le plus connu et le plus utilisé en mécanique des sols. Le modèle initial de Cam-Clay a été développé dans les années 1960 à partir des essais œdométriques et triaxiaux par le groupe de mécanique des sols de l'Université de Cambridge [Gérard M., 1988; Mestat P., 1993; Magnan J. P. et Mestat P., 1997; Gharib J. E. et Debruyne G., 2005; Fayet T., 1999]. Les modèles de Cam-Clay sont des modèles élastoplastiques destinés essentiellement à décrire le comportement des argiles.

Ces modèles reposent sur le concept d'état critique, un critère de plasticité et une expression de la dissipation plastique.

a) Le concept d'état critique

Le comportement d'une éprouvette de sol continuellement cisaillée au cours d'un essai triaxial peut être assimilé à celui d'un matériau écrouissable. Lorsque l'éprouvette atteint un état critique, les équations de cet état sont comme :

$$q = Mp \qquad \Gamma = e + \lambda \ln(p / p_1) \qquad (2\text{-}16)$$

où e est l'indice des vides de matériau, q est le déviateur, p la contrainte moyenne, p_1 une pression de référence et M, λ, Γ sont des paramètres. Dans l'espace (p,q,e), ces équations définissent une courbe dite courbe d'état critique (Figure 2.10).

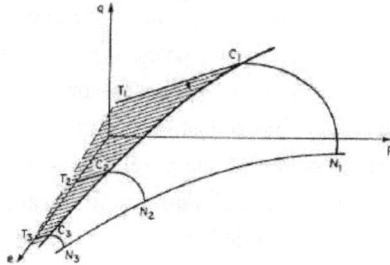

Figure 2.10: Représentation de la courbe d'état limite

Dans le plan (e,p), on appelle « courbe λ », ou « courbe de consolidation vierge », la courbe de chargement obtenue au cours de l'essai de compression isotrope et « courbe κ », ou « courbe de déchargement – rechargement », les courbes schématisant un cycle de déchargement – rechargement.

- courbe λ : $e = e_\lambda - \lambda \ln(p / p_1)$ $\qquad (2\text{-}17)$

- courbe κ : $e = e_\kappa - \kappa \ln(p / p_1)$ $\qquad (2\text{-}18)$

où e_λ et e_κ correspondent aux valeurs obtenues pour une pression de référence p_1, et κ est une constante du matériau

b) **Le critère de plasticité**

Le second concept de base est le principe de normalité. Il établit le fait que le potentiel plasticité G est confondu avec la surface de charge F (potentiel plastique associé).

86

c) La dissipation plastique

La troisième hypothèse fondamentale est relative à l'expression de la dissipation plastique incrémentale $\left(d\varepsilon_v^p, d\varepsilon_d^p\right)$, alors :

$$dW^p = pd\varepsilon_v^p + qd\varepsilon_d^p = M\ p\ d\varepsilon_d^p \quad (2\text{-}19)$$

d) Surface de charge de la loi Cam-Clay originale

La quatrième hypothèse concernant la règle de normalité couplée avec les hypothèses précédentes permettent de calculer la fonction de charge :

$$-\frac{d\varepsilon_d^p}{d\varepsilon_v^p} = \frac{\partial F}{\partial q}\frac{\partial p}{\partial F} = \frac{dp}{dq} \quad (2\text{-}20)$$

La combinaison de cette équation avec l'expression de la dissipation plastique donne :

$$-p\ dq\,/\,dp\ +\ q = M\ p \quad (2\text{-}21)$$

Son intégration nous fournit l'équation de la surface de charge :

$$F(p,q,p_0) = \frac{q}{Mp} + \ln\left(\frac{p}{p_0}\right) = 0 \quad (2\text{-}22)$$

Si on choisit que l'indice des vides « plastique » e^p apparaît comme un paramètre d'écrouissage, la surface de charge se met sous la forme :

$$F\left(\sigma_{ij}, \varepsilon_{ij}^p\right) = (\lambda - \kappa)\left[\ln\left(\frac{p}{p_1}\right) + \frac{q}{Mp}\right] + e^p - e_\lambda = 0 \quad (2\text{-}23)$$

Cette expression génère des courbes en forme d'amande dans le plan (p,q) (Figure 2.11)

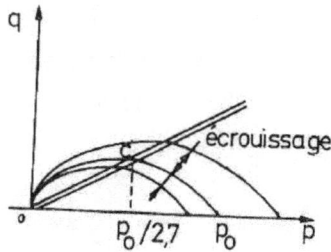

Figure 2.11: Représentation de la surface de charge du modèle Cam-Clay original

e) Surface de charge de la loi Cam-Clay modifiée

Ce modèle se distingue du précédent par une nouvelle expression de la dissipation plastique :

$$dW^p = \sqrt{\left(d\varepsilon_v^p\right)^2 + M^2 \ \left(d\varepsilon_d^p\right)^2} \quad (2\text{-}24)$$

Son intégration donne la relation suivante :

$$p\left[\frac{q^2}{M^2 \ p^2} + 1\right] = p_0 \quad (2\text{-}25)$$

Si l'on élimine p_0 dans la relation précédente, on obtient l'équation de la surface de charge avec écrouissage :

$$F\left(\sigma_{ij}, \varepsilon_{ij}^p\right) = (\lambda - \kappa)\ln\left[\frac{p}{p_1}\left(1 + \frac{q^2}{M^2 \ p^2}\right)\right] + e^p - e_\lambda = 0 \quad (2\text{-}26)$$

Cette équation génère des ellipses dans le plan (p,q) (Figure 2.12).

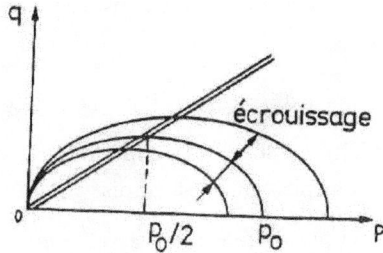

Figure 2.12: Représentation de la surface de charge du modèle de Cam-Clay modifié

Le modèle de Cam-Clay modifié comporte 7 paramètres : $E, \nu, p_1, M, e_0, \lambda, \kappa$

2.6.6.2 Le modèle de Roberto Nova (version 1982)

La loi de comportement proposée par Roberto Nova en 1982 est une loi élastoplastique avec écrouissage isotrope, inspirée des lois Cam-Clay, mais adaptée à la description du comportement des sables [Mestat P. et Arafati N., 2000; Mestat P., 1992; Mestat P., 1993; Tadjbakhsh S. et Frank R., 1985; Magnan J. P. et Mestat P., 1997; Zaki S. K., 1989]. Elle a été développée à partir de résultats d'essais sur éprouvettes cylindriques, ce qui explique sa formulation en fonction des invariants des contraintes p (pression moyenne) et q (déviateur des contraintes) et des invariants de déformations plastiques $\varepsilon^p_{\,v}$ (déformation volumique plastique) et $\varepsilon^p_{\,d}$ (déformation déviatorique plastique).

a) Hypothèses du modèle

Ce modèle prend en compte les hypothèses comme suivantes [Tadjbakhsh S. et Frank R., 1985]:

- le sol est un matériau isotrope ;
- les effets visqueux sont négligés ;
- le principe de contrainte effective s'applique ;
- le modèle est applicable aux sables et argiles remaniés ;

- le comportement du sol est considéré comme élastoplastique $\left(d\varepsilon = d\varepsilon^e + d\varepsilon^p\right)$;

- l'écrouissage est isotrope et il peut être négatif ou positif ;

- la coaxialité entre les contraintes et les vitesses de déformations plastiques est admise ;

- le potentiel plastique est non associé et il n'y a pas de points d'arrêt.

b) Comportement élastique non linéaire

Le comportement élastique non linéaire comporte 2 parties : la partie élastique de déformation volumique et la partie de déformation déviatorique.

La partie élastique de déformation volumique s'écrit :

$$d\varepsilon_{ijv}^e = B_0 \frac{dp}{3p}\delta_{ij} \quad (2\text{-}27)$$

La partie élastique de déformation déviatorique s'écrit :

$$d\varepsilon_{ijd}^e = L_0 d\eta_{ij} \quad (2\text{-}28)$$

On a :

$$d\varepsilon_{ij}^e = L_0 d\eta_{ij} + B_0 \frac{dp}{3p}\delta_{ij} \quad (2\text{-}29)$$

où : L_0 et B_0 sont deux paramètres de modèle et $\eta_{ij} = \dfrac{s_{ij}}{p} = \dfrac{\sigma_{ij} - p\delta_{ij}}{p}$

s_{ij} le tenseur des contraintes déviatoriques, δ_{ij} le tenseur de Kronecker,

p, q sont respectivement la pression moyenne et le déviateur des contraintes

$$p = \frac{\sigma_1 + \sigma_2 + \sigma_3}{3} \quad \text{et} \quad q = \sqrt{\frac{\left(\sigma_1 - \sigma_2\right)^2 + \left(\sigma_2 - \sigma_3\right)^2 + \left(\sigma_3 - \sigma_1\right)^2}{2}} \quad (2\text{-}30)$$

c) Relation contrainte – dilatance et potentiels plastiques

Nova a proposé la relation contrainte - dilatance qui est différente selon que le rapport de contraintes $\eta = q / p$ est supérieur ou inférieur à M/2 (M est un paramètre constant de modèle) (Figure 2.13).

- si $q / p < M / 2$, la dilatance d est supposée s'exprimer par la relation :

$$d = \frac{d\varepsilon^p{}_v}{d\varepsilon^p{}_d} = \frac{a\,p}{q} \quad (2\text{-}31)$$

où a est une constante du modèle. D'une façon similaire pour le modèle Cam-Clay, il est facile de déduire l'équation différentielle liant p et q, soit :

$$q\,dq = -a\,p\,dp \quad (2\text{-}32)$$

Après avoir intégré cette équation, le potentiel plastique et la surface de charge peuvent être exprimés sous la forme :

$$G(p,q,p_c) = \frac{4\mu q^2}{M^2 p^2} + 1 - \frac{p_c{}^2}{p^2} = 0 \quad (2\text{-}33)$$

Le paramètre μ est défini par $4a\mu = M^2$, p_c est la constante d'intégration de l'équation différentielle, devenant par la suite le paramètre d'écrouissage du critère.

- si $q / p > M / 2$, la dilatance d est supposée s'exprimer par la relation :

$$d = \frac{d\varepsilon^p{}_v}{d\varepsilon^p{}_d} = \frac{M - \eta}{\mu} \quad (2\text{-}34)$$

Après avoir intégré cette loi, nous pouvons avoir le potentiel plastique G :

$$G(p,q,p_c) = \eta - M / (1 - \mu)\left[1 - \mu\left(p / p_{cg}\right)^{(1-\mu)/\mu}\right] = 0 \quad (2\text{-}35)$$

où p_{cg} est le point d'intersection du potentiel plastique avec l'axe de compression isotrope. En fait, p_{cg} représente la constante d'intégration de l'équation différentielle.

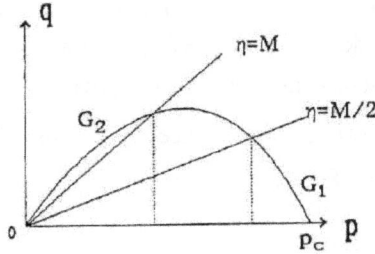

Figure 2.13: Représentation du potentiel plastique du modèle de Nova

d) Surface de charge et critère de rupture

Dans le cas où $q/p < M/2$, la règle de normalité est supposée vérifiée. L'expression de la surface de charge est confondue avec celle du potentiel plastique (Figure 2.14).

Dans le cas où $q/p > M/2$, la règle d'écoulement n'est plus supposée associée. La surface de charge est exprimée à partir de l'expression de Tatsuoka et Ishihara (1974) (Figure 2.14), soit :

$$F(p,q,p_c) = \frac{q}{p} - M + m \ln\left(\frac{p}{p_u}\right) = 0 \quad (2\text{-}36)$$

$$p_u = \frac{p_c}{\sqrt{1+\mu}} \exp\left[\frac{-M}{2m}\right] \quad (2\text{-}37)$$

Le paramètre d'écrouissage p_c suit une loi d'évolution très proche de celle de l'écrouissage dans les lois Cam-Clay ; la différente provient de la prise en compte du terme déviatorique ε^p_d dans la loi de Nova :

$$p_c = p_{c0} \exp\left(\frac{\varepsilon_v^p + D\varepsilon_d^p}{1 - B_0}\right) \quad (2\text{-}38)$$

où $\quad \varepsilon_v^p = \varepsilon_1^p + \varepsilon_2^p + \varepsilon_3^p \quad (2\text{-}39)$

et $\quad \varepsilon_d^p = \frac{3}{2}\sqrt{\dfrac{\left(\varepsilon_1^p - \varepsilon_2^p\right)^2 + \left(\varepsilon_2^p - \varepsilon_3^p\right)^2 + \left(\varepsilon_3^p - \varepsilon_1^p\right)^2}{2}} \quad (2\text{-}40)$

p_{c0} désigne une pression isotrope de référence, et m, D, l, B_0 sont des paramètres de la loi de comportement.

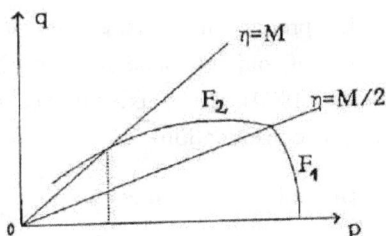

Figure 2.14: Représentation de la surface de charge du modèle de Nova

La loi de Nova comporte huit paramètres, dont sept sont adimensionnels $(B_0, L_0, M, \mu, D, l, m)$. Le huitième paramètre p_{c0} est en fait une pression de référence, qui peut être calculée de deux manières : à partir de l'état initial des contraintes ou à partir des résultats d'essais en laboratoire.

La signification des paramètres de Nova dans un essai triaxial :

- B_0 : paramètre lié à la déformation volumique élastique ;

- L_0 : paramètre lié à la déformation déviatorique élastique ;

- l : paramètre lié à la déformation volumique totale ;

- M : paramètre lié à l'état caractéristique du matériau pulvérulent et au cisaillement maximal (rupture) ;

- μ : paramètre lié au cisaillement maximal (rupture) ;

- D : paramètre lié au cisaillement maximal et à la dilatance à la rupture ;

- m : paramètre caché lié à l'état caractéristique et à la courbure générale des courbes (ε_1, q) et $(\varepsilon_1, \varepsilon_v)$ pour un essai de compression triaxiale.

2.6.6.3 Le modèle de Peter Vermeer

La loi de comportement développée par Peter Vermeer est un modèle élastoplastique à deux mécanismes écrouissables [Mestat P. et Riou Y., 2001; Mestat P., 1992; Mestat P., 1993; Tadjbakhsh S. et Frank R., 1985; Zaki S. K., 1989]. Le premier mécanisme est purement déviatorique (mécanisme de cisaillement) qui est fondé sur le critère de rupture défini par Matsuoka et Nakaï (1974). Le deuxième mécanisme est purement volumique (mécanisme de consolidation).

a) Hypothèse du modèle de Vermeer

Ce modèle prend en compte les hypothèses suivantes [Tadjbakhsh S. et Frank R., 1985]:

- Le sol est un matériau isotrope ;

- Les effets visqueux sont négligeables ;

- Le comportement du sol est considéré comme élastoplastique ;

- L'écrouissage est isotrope ;

- La déformation totale est déterminée à partir de : $d\varepsilon = d\varepsilon^e + d\varepsilon^{p1} + d\varepsilon^{p2}$;

- La surface de charge de distorsion ou de cisaillement s'écrouit pour arriver à une surface de rupture du type Mohr-Coulomb ;

- Le potentiel plastique correspondant à la surface de charge de cisaillement est non associé ;

- Le domaine de validité du modèle est limité aux petites rotations des axes principaux des contraintes.

b) Comportement élastique non linéaire

94

Le comportement élastique est non linéaire isotrope et est similaire à l'élasticité de Hooke avec un module de Young dépendant de l'état de contraintes et un coefficient de Poisson nul. La relation entre les contraintes et les déformations s'exprime comme suit :

$$\sigma_{ij} = 2\varepsilon_{ij} G_s\left(\sigma_{ij}\right) \text{ avec } G_s\left(\sigma_{ij}\right) = G_0 \left[\sigma_n / p_0\right]^{(1-\beta)} \quad (2\text{-}41)$$

où p_0 est une pression initiale isotrope de référence pour laquelle la déformation volumique vaut ε^e_0 (soit la relation $2G_0\varepsilon^e_0 = 3p_0$), β est un paramètre du modèle et σ_n représente l'invariant de contrainte suivant :

$$\sigma_n^2 = \left(\sigma_1^2 + \sigma_2^2 + \sigma_3^2\right) / 3 \quad (2\text{-}42)$$

c) Mécanisme plastique volumique

Vermeer a proposé la surface de charge volumique qui est construite à partir de l'expression analytique pour approcher la forme de la déformation plastique observée au cours d'essais de compression isotrope. L'expression analytique retenue est proche de celle adoptée pour représenter la déformation élastique dans ce même essai (Figure 2.15), soit

$$F_v\left(\sigma_{ij}, \varepsilon^p_{ij}\right) = G_v\left(\sigma_{ij}, \varepsilon^p_{ij}\right) = \varepsilon_0^c \left(\sigma_n / p_0\right)^\beta - \varepsilon^p_{vc} = 0 \quad (2\text{-}43)$$

où ε_0^c est une constante, ε^p_{vc} représente le paramètre d'écrouissage de la surface de charge. Le potentiel plastique est associé par construction.

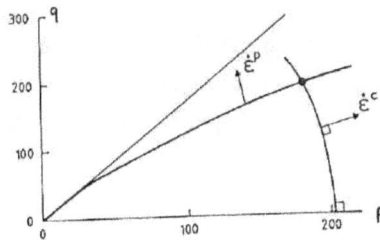

Figure 2.15: Représentation de surface de charge volumique du modèle de Vermeer

95

d) Mécanisme plastique volumique

Vermeer a construit la surface de charge déviatorique à partir du critère de rupture défini par Matsuoka et Nakaï (Figure 2.16). Son expression est la suivante :

$$F_c\left(\sigma_{ij},\varepsilon^p_{ij}\right) = -3p\ II_2 + III_3\ A(x) = 0 \quad (2\text{-}44)$$

où $\quad$ p, II_2, III_2 représentent les invariants classiques dans la convention de signe de la mécanique des milieux continus (compression négative) :

$$p = -\frac{\sigma_1 + \sigma_2 + \sigma_3}{3}\ ; \quad q = \sqrt{\frac{(\sigma_1 - \sigma_2)^2 + (\sigma_2 - \sigma_3)^2 + (\sigma_3 - \sigma_1)^2}{2}} \quad (2\text{-}45)$$

$$II_2 = -\sigma_1\sigma_2 - \sigma_2\sigma_3 - \sigma_3\sigma_1\ ; \quad III_3 = -\sigma_1\sigma_2\sigma_3 \quad (2\text{-}46)$$

$A(x)$ est une fonction scalaire définie par les relations :

$$A(x) = \frac{27(3 + h(x))}{(2h(x) + 3)(3 - h(x))} \qquad\qquad c = \frac{6\sin\varphi_p}{3 - \sin\varphi_p} \quad (2\text{-}47)$$

$$h(x) = \sqrt{x^2/4 + cx} - x/2 \qquad\qquad x = \gamma^p 2G_0\left[p_0/\sigma_n\right]^\beta / p_0$$

(2-48)

où le paramètre c est défini en fonction de l'angle de frottement au pic φ_p et γ^p représente la distorsion plastique :

$$\gamma^p = \left(e^p_{ij}e^p_{ij}/2\right)^{0.5} \quad (2\text{-}49)$$

En effet, la surface de charge déviatorique a été construite de façon à se ramener à la loi de Drucker-Prager lorsque l'on se trouve dans les conditions d'un essai triaxial axisymétrique. L'équation de la surface de charge se réduit alors à l'expression simple :

$$F_c = q/p - h(x) = 0 \quad (2\text{-}50)$$

Le potentiel plastique non associé est construit de façon à approcher la relation contrainte-dilatance de Rowe. Les calculs montrent qu'il faut considérer ce potentiel sous la forme suivante :

$$G_c\left(\sigma_{ij}\right)=\sqrt{2s_{ij}s_{ij}/3}-4p\left(\sin\psi_m\right)/3 \quad (2\text{-}51)$$

Par définition, l'angle ψ_m est l'angle de dilatance, lié à l'état de contrainte par la relation :

$$\sin\psi_m=\frac{\sin\varphi_m-\sin\varphi_{cv}}{1-\sin\varphi_m\sin\varphi_{cv}} \quad (2\text{-}52)$$

où φ_{cv} est l'angle de frottement à volume constant. L'angle φ_m est relié à l'état de contraintes par la relation :

$$\sin\varphi_m=\sqrt{\frac{9-A(x)}{1-A(x)}}=\frac{3q}{6p+q} \quad (2\text{-}53)$$

Ces expressions quelque peu compliquées peuvent être retrouvé à partir d'une loi tridimensionnelle la relation contrainte-dilatance de Rowe, développée en étudiant les résultats des essais triaxiaux axisymétriques.

La rupture dans la loi de Vermeer se produit pour un rapport de contrainte $(q/p)_r$ valant :

$$(q/p)_{rupture}=c=\frac{6\sin\varphi_p}{3-\sin\varphi_p} \quad (2\text{-}54)$$

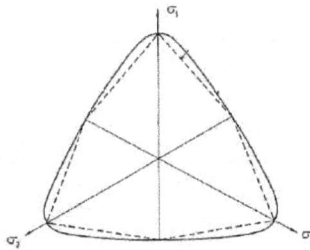

Figure 2.16: Représentation de surface de charge déviatorique du modèle de Vermeer

Les paramètres de la loi de Vermeer sont les suivants : $\varphi_p,\varphi_{cv},\varepsilon_0^e,\varepsilon_0^c,\beta$ et un paramètre lié à l'état initial p_0.

La signification des paramètres de Vermeer dans un essai triaxial est :

- ε_0^e : paramètre lié à la déformation volumique élastique ;

- ε_0^c : paramètre lié à la déformation plastique ;

- β : paramètre lié aux déformations volumiques élastique et plastique ;

- φ_{cv} : paramètre lié à l'état caractéristique du sable et à la dilatance (rupture) ;

- φ_p : paramètre lié au cisaillement maximal (rupture) : angle de frottement au pic.

e) Correspondances entre les paramètres mécaniques des modèles

En se basant sur la méthodologie de détermination des paramètres des lois de comportement des sols, il est possible de relier directement les paramètres de différentes modèles entre eux. Les Tableau 2.1 et Tableau 2.2 présentent les correspondances établies entre les lois de Vermeer, de Nova et de Mohr-Coulomb.

Tableau 2.1: Correspondances entre les paramètres des lois de comportement de Nova et Vermeer

Nova $\rightarrow$ Vermeer	Vermeer $\rightarrow$ Nova
$\varepsilon_o^e = 3L_o$	$L_o = \dfrac{\varepsilon_o^e}{3}$
$\beta = \dfrac{B_o}{3L_o}$	$B_o = \beta \varepsilon_o^e$
$\varepsilon_o^c = 3L_o \dfrac{l - B_o}{B_o}$	$l = \beta \left(\varepsilon_o^e + \varepsilon_o^c \right)$
$\sin \psi_m = \dfrac{D}{2}$	$M + \mu D = \dfrac{6 \sin \varphi_p}{3 - \sin \varphi_p}$
$\sin \psi_p = \dfrac{3 \left(M + \mu D \right)}{6 + M + \mu D}$	$D = 2 \sin \psi_m$

Tableau 2.2: Correspondances entre les paramètres des lois de comportement de Mohr-Coulomb et Vermeer

Mohr-Coulomb → Vermeer	Vermeer → Mohr-Coulomb
$\beta = \dfrac{1-2\nu}{1+\nu}$	$\nu = \dfrac{1-\beta}{2+\beta}$
$\varphi_p = \varphi'$	$\varphi' = \varphi_p$
$\varepsilon_o^c = 3(1+\nu)\dfrac{\sigma_3}{E_t^o}$	$E_t^o = \dfrac{9\sigma_3}{\varepsilon_o^e(2+\beta)}$
$\sin\psi_m^{rupture} = \dfrac{3\sin\psi}{3-\sin\psi}$	$\sin\psi = \dfrac{3\sin\psi_m^{rupture}}{3+\sin\psi_m^{rupture}}$
	$c' = 0$

avec $\sin\varphi_{cv} = \dfrac{\sin\varphi_p - \sin\psi_m^{rupture}}{1-\sin\varphi_p \sin\psi_m^{rupture}}$; E_t^o représente le module de déformation

tangent à l'état initial.

Dans le cas du modèle élastoplastique parfait de Mohr-Coulomb, il n'est pas possible d'établir de correspondance pour le paramètre ε_o^c puisqu'il n'y a pas d'écrouissage.

2.7 Conclusion

L'analyse des lois de comportement ci-dessus a montré que la loi de comportement de Mohr-Coulomb, la loi de Nova, et la loi de Vermeer sont les plus prometteuses pour caractériser l'évolution du matériau granulaire « mâchefer » sous l'effet d'actions mécaniques extérieures.

La loi de comportement élastique non linéaire de Duncan ne peut pas prédire un comportement dilatant avant rupture alors que les essais réalisés sur les MIOM montrent que le comportement dilatant avant la rupture d'éprouvette se produit. Le critère de Von Mises et le critère de Drucker-Prager ne sont pas adaptés à la modélisation des sables. La loi de comportement Cam-Clay est adaptée aux matériaux argileux. Le

99

comportement des MIOM est assimilé au celui de comportement élastoplastique avec écrouissage des sables que nous allons étudier dans la partie II « expérimentations ». En effet, nous choisirons la loi de Mohr-Coulomb, la loi de Nova et la loi de Vermeer pour essayer de prédire des comportements des MIOM. Par rapport aux autres lois proposées dans la littérature, les lois de Nova et de Vermeer présentent certains d'avantages [Mestat P., 2000] :

- leur formulation théorique est correcte et elles décrivent de manière satisfaisante les principaux phénomènes mécaniques observés au cours des essais de laboratoire ;

- le nombre de paramètres reste assez faible (il est de 7 pour la loi de Nova et de 5 pour celle de Vermeer). En effet, moins il y a de paramètres à déterminer, moins il y a de risques que le jeu de paramètres obtenu ne soit pas unique ;

- la détermination des paramètres est assez aisée à partir des essais courants (essais triaxiaux de compression, essais œdométriques et essais in situ). Néanmoins, il sera nécessaire de définir une méthodologie appropriée pour faciliter leur détermination ;

- leur introduction dans un code d'éléments finis ne pose pas de problème particulier. Ces lois ont été implantées d'abord dans le système ROSALIE, puis dans le progiciel CESAR-LCPC et leur programmation validée.

La loi de comportement de Nova et de Vermeer a fait l'objet de plusieurs applications prometteuses au Laboratoire Central des Ponts et Chaussées et à l'École Centrale de Nantes : pour l'étude des pieux sous charge axiale [Tadjbakhsh S. et Frank R., 1985], pour la simulation d'essais triaxiaux [Mestat P., 1990; Mestat P., 1992; Mestat P. et Arafati N., 2000] et pour le calcul d'ouvrages souterrains [Abdallah N., 1997; Riou Y. et Chambon P., 1996], pour la modélisation d'un rideau de palplanches [Arafati N., 1996].

Chapitre 3
Cahier des charges

3.1 Objectifs et démarches

Les MIOM sont les résidus solides issus de la combustion des ordures ménagères dans des fours d'usine d'incinération. Ils sont considérés comme sous-produits/co-produits industriels hétérogènes valorisables. Le principal intérêt de la valorisation des MIOM réside dans la réduction des zones de stockage, la préservation des ressources naturelles et la protection de l'environnement. Leur utilisation dans le domaine du Génie Civil est très répandue mais des lacunes restent à élucider en particulier leur comportement mécanique. L'objectif principal de la thèse est l'amélioration des connaissances des caractéristiques mécaniques des MIOM.

Dans ce but, le travail présenté dans cette thèse s'articule autour de deux principaux axes, une partie expérimentale et un volet de modélisation numérique.

La partie expérimentale se compose de trois chapitres qui abordent aux points suivants :

- Détermination des caractéristiques géotechniques (paramètres de nature, paramètres mécaniques, paramètres d'état), des caractéristiques chimiques et environnementales. Le potentiel d'utilisation de ces MIOM est évalué selon la Circulaire du 9 mai 1994 et selon le Guide technique SETRA-LCPC 2000 « Réalisation des remblais et des couches de forme » ;

- Détermination des coefficients de compressibilité et évaluation de l'effet de l'énergie de compactage, de l'immersion des éprouvettes ainsi que l'effet de la vitesse de chargement de l'essai œdométrique ;

- Détermination des paramètres mécaniques comme le module de Young, le coefficient de Poisson, l'angle caractéristique, l'angle de dilatance, la cohésion et l'angle de frottement ;

- Évaluation de l'influence de la pression de confinement effective et l'effet de la vitesse de chargement de l'essai triaxial ;

- Évaluation de l'évolution du module de déformation selon la déformation axiale et la variation du déviateur de pression selon la pression moyenne ;

- Détermination d'un ensemble des points d'état limite à partir des essais triaxiaux.

La partie de modélisation numérique se compose de deux chapitres qui abordent à la modélisation du comportement des MIOM avec les lois de Mohr-Coulomb et Nova à l'aide de progiciel CESAR-LCPC.

3.2 Limites de thèse

Dans notre travail, nous nous sommes limités à :

- Les MIOM sont des matériaux très hétérogènes. Leur composition dépend de la nature de l'incinérateur et de la constitution des ordures ménagères qui diffèrent selon les régions et les saisons. Les travaux effectués dans cette thèse ne concernent qu'un seul type de MIOM qui provient de la plate-forme de recyclage de la société PréFerNord basée à Fretin, à côté de Lille, France ;

- Les essais triaxiaux avec des grandes pressions de confinement effectives ne sont pas encore réalisés à cause du percement des membranes causé principalement par la présence de granulat anguleux ;

- Les paramètres en petites déformations en particulier le module de Young jouent un rôle prépondérant pour la compréhension du comportement des sols en interaction avec les ouvrages. Mais ils ne sont pas encore étudiés pour les MIOM ;

- L'anisotropie du matériau n'est pas évaluée dans notre travail ;

- Les MIOM étudiés sont non traités.

Partie II
Expérimentation

Chapitre 4
Essais d'identification des mâchefers.
Classification des mâchefers étudiés

4.1 Provenance du MIOM étudié

Le MIOM utilisé provient de la Plate-forme de recyclage de la société PréFerNord basée à Fretin, à côté de Lille, France (Figure 4.1).

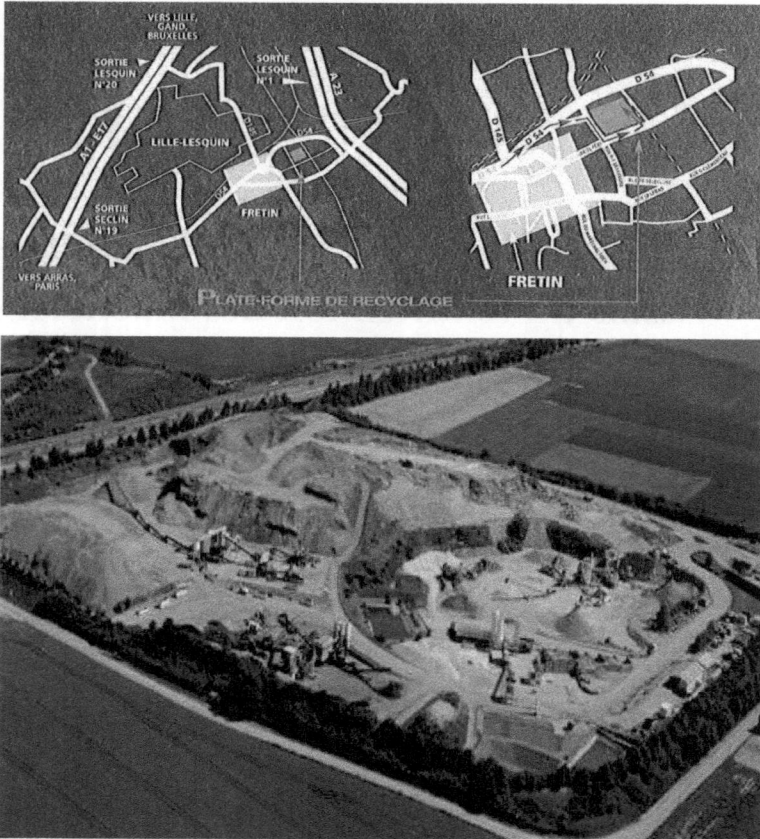

Figure 4.1: Plate forme de recyclage de Fretin

PréFerNord récupère les « scories » résultant de la combustion de 5 usines d'incinération des ordures ménagères autour de Lille. Elle transforme ces « scories » en MIOM. Annuellement, cette société valorise

108

159 000 tonnes de MIOM, 40 000 tonnes de ferrailles enrichies et 1000 tonnes de déchets ultimes confiés aux centres d'enfouissement technique de classe II. Les MIOM de cette plate-forme ont été utilisés dans des ouvrages comme la Rocade Nord-Ouest de Lille (83 000 tonnes), la Route départementale Leers-Wattrelos (82 000 tonnes), le Périphérique Est de Lille (60 000 tonnes), l'Hippodrome du Croisé-Laroche, Marcq-en-Barœul etc. (Figure 4.2).

Autoroute A 25   Déviation de CANTIN – RD 643-(59)

Figure 4.2: Ouvrages utilisant des MIOM de la plate-forme de PréFerNord

Sur le site de la société, un pré-traitement de ces MIOM a été réalisé pour calibrer les matériaux (criblage, enlèvement des éléments ferreux et non-ferreux). Le MIOM étudié a été maturé pendant 3 mois. Une granulométrie allant de 0 – 20 mm a été choisie pour approcher celle des granulats naturels.

4.2   Essais d'identifications

Cette partie constitue la carte d'identification du MIOM étudié dans ce travail. L'objectif consiste à déterminer des caractéristiques géotechniques, chimiques et environnementales des MIOM. Ces paramètres permettent de classer le MIOM pour envisager de l'utiliser en technique routière. En effet, le classement actuel (catégorie F6) [NF P 11-300; Note SETRA, 1997] rend difficile la comparaison du MIOM avec d'autres granulats naturels.

4.3 Caractéristiques géotechniques

Pour déterminer les caractéristiques géotechniques, nous avons effectué des essais concernant des paramètres de nature, de comportement mécanique et d'état.

4.3.1 Paramètres de nature

Quatre types d'essais ont été effectués pour déterminer les paramètres de nature : l'analyse granulométrique, l'analyse granulométrique par diffraction laser, la valeur au bleu de méthylène et l'équivalent de sable.

4.3.1.1 Analyse granulométrique (NF P 94-056)

En France, la distribution granulométrique constitue le premier paramètre pour une classification des matériaux concernant le domaine routier selon le « Guide technique pour la réalisation des remblais et des couches de forme » [SETRA-LCPC, 2000].

La Figure 4.3 représente la courbe granulométrie de ce type de MIOM. Cette courbe granulométrique obtenue s'inscrit dans le fuseau généralement retenu pour les graves routières. L'analyse est réalisée par tamisage sur trois échantillons prélevés par quartage et lavés à $80\,\mu m$. Pour les particules de taille inférieure à $80\,\mu m$, l'analyse granulométrique est effectuée par la diffraction laser qui est présentée au paragraphe suivant.

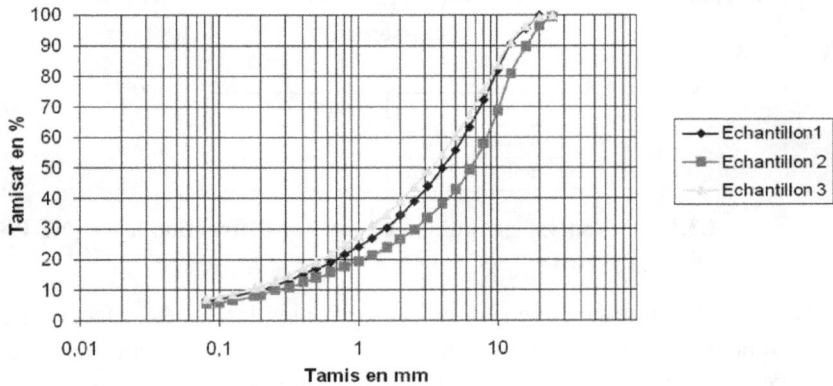

Figure 4.3: Analyse granulométrique par tamisage

Les résultats de l'analyse granulométrique présentés dans la Figure 4.3 montrent que le tri des éléments ferreux et non ferreux fait baisser le pourcentage des gros éléments.

Les courbes granulométriques montrent également que les MIOM se caractérisent par une distribution granulométrique variée ou étalée (coefficient d'uniformité Cu= 35.5) avec beaucoup d'éléments grossiers ce qui engendre beaucoup de vide et bien graduée (coefficient de courbure Cc= 2.3) [Schlosser F., 1988; Callaud M., 2004; Lérau J., 2005].

Avec : Coefficient d'uniformité $C_u = \dfrac{D_{30}^2}{D_{10} * D_{60}}$ (4-1)

Coefficient de courbure $C_c = \dfrac{D_{60}}{D_{10}}$ (4-2)

où D_x est le diamètre de particules pour x % de passant cumulés

Le Tableau 4.1 représente les paramètres utiles pour la classification du MIOM étudié.

Tableau 4.1: Caractéristiques granulométriques nécessaires au classement

D max.	20 mm
Tamisât à 80 µm	6.3 %
Tamisât à 2 mm	33.2 %

4.3.1.2 Analyse granulométrique par diffraction laser (NF ISO 13320-1)

L'analyse granulométrique par diffraction laser a été effectuée pour compléter l'analyse granulométrique par tamisage décrite ci-dessus. D'après le Tableau 4.1, le tamisât à 80 µm est de 6.3 %.

Les analyses des fines ont été effectuées à l'aide d'une granulométrie laser, de marque Coulter, et de type LS 230. Le principe de mesure repose sur l'interaction entre la lumière laser et les particules, ce qui provoque des figures de diffraction qui dépendent directement du diamètre des grains.

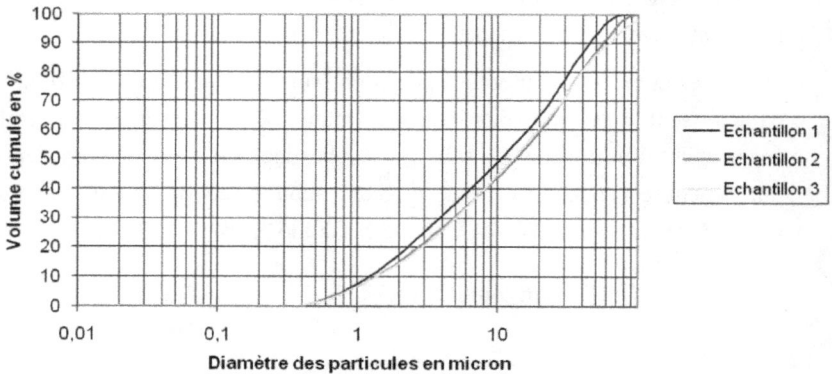

Figure 4.4: Analyse granulométrique des fines par diffraction laser

La Figure 4.4 représente les courbes granulométriques sur les fines récupérées après lavage du MIOM sur le tamis de 80 µm. Les courbes sont continues sans pics apparents. La moyenne des médianes 3 analyses effectuées est de 16.3 μm.

4.3.1.3   Valeur au bleu de méthylène (NF P 94-068)

Dans cette étude, l'essai au bleu méthylène est effectué selon la norme NF P 94-068. L'essai consiste à mesurer globalement la quantité et l'activité de la fraction argileuse contenue dans un sol ou un matériau rocheux. En principe, le bleu de méthylène est adsorbé préférentiellement par les argiles, les matières organiques et les hydroxydes de fer. Cette capacité rend compte globalement de l'activité de surface de ces éléments. Par définition, la valeur au bleu de méthylène s'exprime en grammes de bleu de méthylène adsorbé par 100 grammes de fines.

A partir d'un échantillon sur la fraction 0/20 mm de notre MIOM, l'essai consiste à mesurer la quantité de bleu de méthylène pouvant s'adsorber sur l'échantillon de matériau mis en suspension. Les MIOM ont été mis en suspension dans l'eau à l'aide d'un agitateur à ailettes. On contrôle l'adsorption du bleu de méthylène en déposant une goutte de la suspension sur un papier filtre. Dès qu'une auréole bleutée apparaît autour de la tâche, l'adsorption maximale atteinte est déterminée. Les trois essais donnent les valeurs au bleu de méthylène (VBS) présentées dans le Tableau 4.2.

Tableau 4.2: Valeurs au bleu de méthylène

	Échantillon 1	Échantillon 2	Échantillon 3	Moyenne
VBS	0.05	0.06	0.06	0.057

La valeur moyenne, inférieure à 0.1, indique que le MIOM est semblable au sol sableux et donc, insensible à l'eau [SETRA-LCPC, 2000].

4.3.1.4 Équivalent de sable (NF P 18-598)

L'essai d'équivalent de sable a été effectué selon la norme NF P 18-598 qui s'applique aux sables. En effet, cet essai permettant de mesurer la propreté d'un sable, est effectué sur la fraction d'un granulat passant au tamis à mailles carrées de 5 mm. Il rend compte globalement de la quantité des éléments fins, en exprimant un rapport conventionnel volumétrique entre les éléments sableux qui sédimentent et les éléments fins qui floculent.

La valeur de l'équivalent de sable est le rapport, multiplié par 100, de la hauteur de la partie sableuse sédimentée, à la hauteur totale du floculat et de la partie sableuse sédimentée.

Les valeurs d'équivalent de sable ES et d'équivalent de sable visuel ESV obtenues pour le MIOM de société PréFerNord sont présentées dans le Tableau 4.3.

Tableau 4.3: Mesure de l'équivalent de sable

	Échantillon 1	Échantillon 2	Échantillon 3	Moyenne
ES	168	153.9	167	163
ESV	105	97.4	96.4	99.6

Ces fortes valeurs (> 85) montrent que le MIOM étudié peut être considéré comme un sable très propre du fait de l'absence de fines argileuses [Gabrysiak F.]. Cette remarque conforte les données de l'analyse granulométrique et de l'essai au bleu de méthylène, à savoir la faible proportion de fines.

4.3.2 Paramètres mécaniques

Les paramètres de comportement mécanique cités dans cette partie sont les coefficients de Los Angeles (LA), le Micro-Deval en présence d'eau (MDE), la dégradabilité et la fragmentabilité.

4.3.2.1 Los Angeles (NF P 18-573)

Cet essai a été effectué selon la norme NF P 18-573 qui permet de mesurer la résistance à la fragmentation par chocs des constituants d'un échantillon de granulats. Cet essai consiste à mesurer la quantité d'éléments inférieurs à 1,6 mm produits en soumettant le matériau aux chocs de boulets normalisé dans la machine Los Angeles.

Des mesures ont été effectuées sur les fractions 10/14 mm et 6.3/10 mm du MIOM. Les résultats obtenus sont présentés dans le Tableau 4.4.

Tableau 4.4: Mesure de résistances aux chocs : essai Los Angeles

Fraction	Échantillon 1	Échantillon 2	Échantillon 3	Moyenne
10/14 mm	39	42	41	40.7
6.3/10 mm	35	38	45	39.3

Plus la valeur est élevée, plus le matériau se fragmente sous les chocs. Le seuil étant de 45, ce granulat pourra être utilisé en couche de forme soit en l'état soit traité avec un liant hydraulique [SETRA-LCPC, 2000].

4.3.2.2 Micro-Deval en présence d'eau (NF P 18-572)

Cet essai a été effectué selon la norme NF P 18-572 qui permet de mesurer l'usure (attrition) d'un échantillon de granulats. Cet essai consiste à mesurer l'usure des granulats produite par frottements réciproques dans un cylindre en rotation avec ou sans la présence d'eau. Cet essai a été étudié pour déterminer la résistance à l'usure par frottement dans l'eau de l'échantillon de MIOM.

Des mesures ont été effectuées sur les 2 fractions 10/14 mm et 6.3/10 mm. Les résultats obtenus sont présentés dans le Tableau 4.5.

Tableau 4.5: Micro-Deval en présence d'eau

Fraction	Échantillon 1	Échantillon 2	Échantillon 3	Moyenne
10/14 mm	20	19	18	19
6.3/10 mm	24	23	24	23.7

Ainsi, le seuil étant de 45, ce granulat pourra être utilisé en couche de forme et en couche d'assise soit en l'état soit traité avec un liant hydraulique [SETRA-LCPC, 2000].

4.3.2.3 Coefficient de Dégradabilité (NF P 94-067)

Le coefficient de dégradabilité, noté DG, est l'un des paramètres représentatifs du comportement de certains matériaux évoluant dans le temps. Selon la norme NF P 94-067, cet essai permet d'étudier le comportement d'un matériau subissant des agents climatiques ou hydrogéologiques (gel, cycle imbibition-séchage) et des contraintes mécaniques. Bien que celui-ci soit beaucoup plus adapté aux matériaux rocheux, il nous a semblé opportun de le réaliser afin d'obtenir une caractérisation complète du MIOM. L'essai consiste à déterminer la réduction de D10 (diamètre du tamis laissant passer 10 % de matériau) d'un échantillon de granularité 10/20 mm soumis à 4 cycles d'imbibition séchage conventionnels.

Les résultats obtenus sont présentés dans le Tableau 4.6 et dans la Figure 4.5.

Tableau 4.6: Coefficient de dégradabilité

	Échantillon 1	Échantillon 2	Échantillon 3	Moyenne
DG	1.1	1.1	1.1	1.1

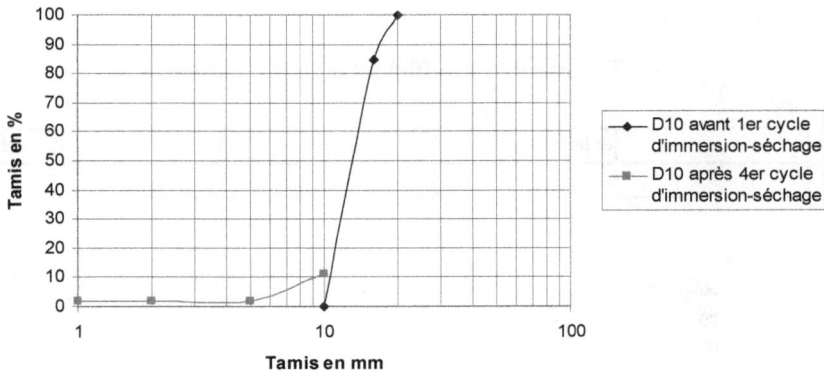

Figure 4.5: Courbes granulométriques d'essai de dégradabilité

Selon le « Guide technique pour la réalisation des remblais et des couches de forme » [SETRA-LCPC, 2000], $DG \leq 5$, le matériau peut donc être considéré comme peu dégradable dans le temps.

4.3.2.4 Coefficient de Fragmentabilité (NF P 94-066)

Le coefficient fragmentabilité, noté FR, est également l'un des paramètres représentatifs du comportement de certains matériaux évoluant dans le temps. Selon la norme NF P 94-066, cet essai permet d'étudier la résistance structurelle d'un matériau insuffisante vis-à-vis des sollicitations mécaniques. De la même manière, bien que celui-ci soit beaucoup plus adapté aux matériaux rocheux, il nous a semblé opportun de le réaliser afin d'obtenir une caractérisation complète du MIOM. L'essai consiste à déterminer la réduction de D10 (diamètre du tamis laissant passer 10 % de matériau) d'un échantillon de granularité 10/20 mm soumis à un pilonnage conventionnel.

Les résultats obtenus sont présentés dans le Tableau 4.7 et dans la Figure 4.6.

Tableau 4.7: Coefficient de fragmentabilité

	Échantillon 1	Échantillon 2	Échantillon 3	Moyenne
FG	2.0	2.0	2.0	2.0

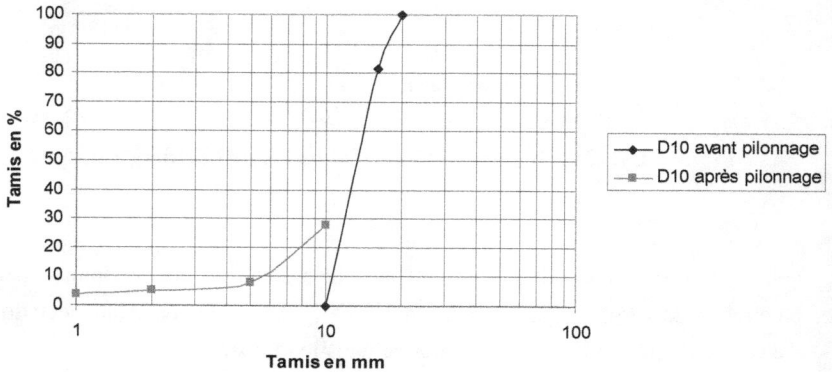

Figure 4.6: Courbes granulométriques d'essai de fragmentabilité

Selon le « Guide technique pour la réalisation des remblais et des couches de forme » [SETRA-LCPC, 2000], $FR \leq 7$, le matériau peut donc être considéré comme peu fragmentable dans le temps.

4.3.3 Paramètres d'état

La teneur en eau, la masse volumique absolue et les caractéristiques de compactage sont les paramètres d'état mesurés.

4.3.3.1 Teneur en eau (NF P 94-050)

La teneur en eau est déterminée selon la norme NF P 94-050. Elle définit l'état hydrique du matériau. Elle est égale au rapport de la masse d'eau contenue dans l'échantillon sur la masse sèche de l'échantillon, désignée par w et exprimée en % :

$$w(\%) = \frac{\text{masse d'eau}}{\text{masse sèche}} \times 100 \quad (4\text{-}3)$$

Les échantillons ont été prélevés et séchés à l'étuve pendant trois jours à une température de 105° C. Cette teneur en eau correspond à la teneur en eau naturelle du MIOM prélevé (Tableau 4.8). La principale cause de cette teneur en eau élevée est l'influence de la pluie avant que les échantillons soient prélevés du stockage.

Tableau 4.8: Teneur en eau du MIOM

	Masse humide (g)	Masse sèche (g)	Teneur en eau (%)
Échantillon 1	643	542	18.6
Échantillon 2	697	602	15.8
Échantillon 3	810	675	20
Moyenne			18.1

4.3.3.2 Mesure de la masse volumique absolue par pycnomètre à hélium

La masse volumique absolue des MIOM a été déterminée à l'aide d'un Pycnomètre à hélium de type Accupyc 1330. Cet essai consiste à mesurer le volume des grains solides à partir du changement de pression de l'hélium en appliquant la loi des gaz parfaits : PV = nRT. En connaissant la masse de l'échantillon, la masse volumique absolue est déterminée par le rapport entre la masse des grains solides et leur volume.

La mesure a été effectuée sur les MIOM broyés et séchés. La valeur obtenue est de l'ordre 2.70 t/m^3 (Tableau 4.9). Cette valeur est semblable à celles des sables à base de quartz.

Tableau 4.9: Masse volumique absolue

	Échantillon 1	Échantillon 2	Échantillon 3	Moyenne
Masse volumique absolue (g/cm^3)	2.70	2.70	2.69	2.70

4.3.3.3 Caractéristiques de compactage

Le compactage est la densification des sols par application d'une énergie mécanique visant à améliorer les propriétés géotechniques des sols. Il contribue notamment à traduire ou éliminer les risques de tassement, augmenter la résistance des sols et la stabilité des talus, améliorent la capacité portante des infrastructures routières, limiter les variations de volume indésirables causées, par exemple, par l'action du gel, le gonflement ou le retrait [Bernard F. et Abriak N. E., 2003].

Les caractéristiques de compactage des MIOM sont évaluées au moyen des essais Optimum Proctor et Indice Portant Immédiat.

a) Optimum Proctor (NF P 94-093)

L'aptitude au compactage du matériau est évaluée à travers l'essai Proctor Normal et l'essai Proctor Modifié. Les deux essais sont identiques dans leur principe, mis à part la différence des paramètres qui définissent l'énergie de compactage appliquée.

Le principe de cet essai consiste à compacter le matériau à différentes teneurs en eau selon un processus et une énergie donnés. Pour chaque teneur en eau, on mesure la masse volumique humide et on détermine la masse volumique sèche. On en déduit les caractéristiques de compactage (la densité sèche et la teneur en eau optimales) sont déterminées.

Les Figure 4.7 et Figure 4.8 représentent les courbes de compactage Proctor Normal et Proctor Modifié. Le Tableau 4.10 représente les caractéristiques obtenues aux Optimal Proctor Normal (OPN) et Optimal Proctor Modifié (OPM). Conformément à la norme pour les couches de fondation, seule la fraction 0/20 mm du matériau est utilisée.

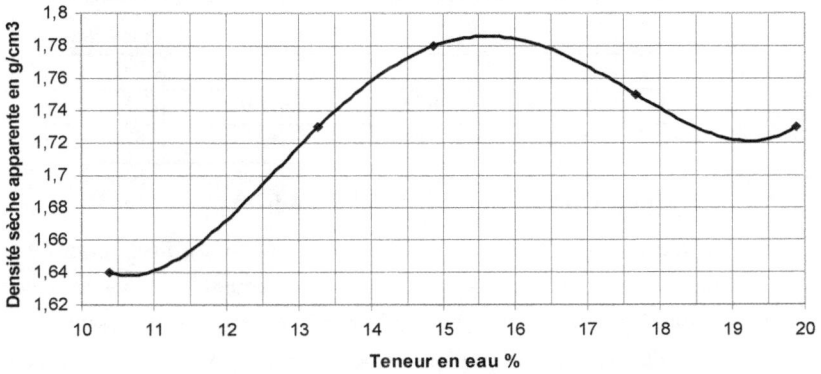

Figure 4.7: Courbe de compactage de Proctor Normal

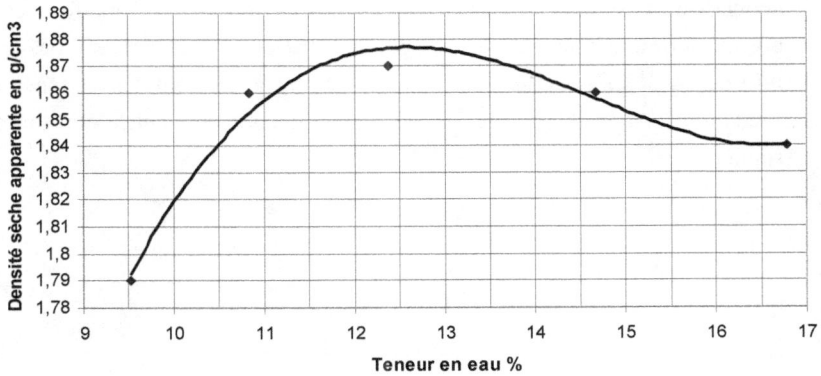

Figure 4.8: Courbe de compactage de Proctor Modifié

Les valeurs obtenues pour l'Optimum Proctor s'inscrivent dans le domaine de variabilité défini par le SETRA dans sa note d'information [Note SETRA, 1997] sur l'utilisation du MIOM en constructions routières.

121

Tableau 4.10: Principales caractéristiques de compactage

	OPN	OPM
Teneur en eau à l'optimum (en %)	15.0	12.5
Masse Volumique apparente sèche (en g/cm^3)	1.78	1.87

b) Indice Portant Immédiat (NF P 94-078)

L'Indice Portant Immédiat (IPI) est la grandeur utilisée pour évaluer l'aptitude d'un matériau à supporter directement sur sa surface la circulation des engins de chantier. En association avec l'essai Proctor Modifié, des mesures de poinçonnement sur les éprouvettes compactées sont réalisées afin d'estimer l'Indice Portant Immédiat.

La Figure 4.9 représente la variation de l'Indice Portant Immédiat avec la teneur en eau. Selon les recommandations de la norme française [NF P 98 115], afin d'assurer la circulation normale des machines sur le chantier, les valeurs souhaitables de l'IPI sont d'au moins 45 pour les couches de base et de 35 pour les couches de fondation. Toutefois, cette norme définit également les valeurs minimales qui ne doivent pas être inférieures à 35 pour les couches de base et à 25 pour les couches de fondations. Avec un IPI de 70, ce matériau peut être considéré comme stable.

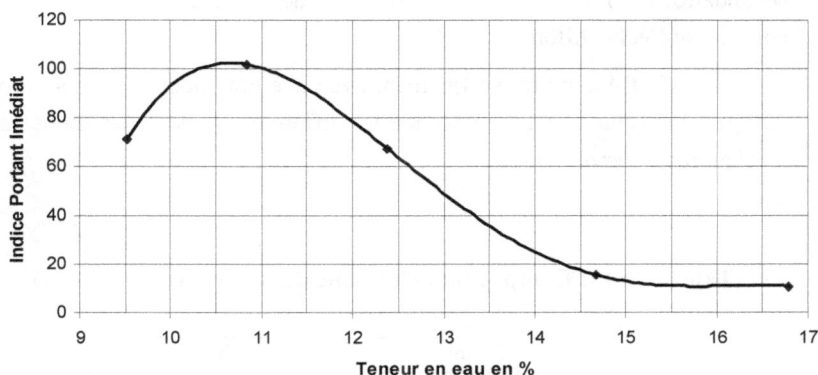

Figure 4.9: Courbe Indice Portant Immédiat

4.4   Caractéristiques chimiques

Les caractéristiques chimiques du MIOM aident à mieux comprendre la composition minéralogique et permettent ainsi de prévoir les difficultés qui pourraient apparaître dans le processus de valorisation des MIOM. Pour obtenir cette information, des analyses par Fluorescence X, par Diffraction de Rayons X, Analyse Thermique Différentielle et Thermo Gravimétrique ont été effectuées.

4.4.1   Analyse par Fluorescence X

La composition élémentaire des MIOM est un paramètre important dans la compréhension de leurs comportements chimiques. Afin de déterminer la composition élémentaire de notre MIOM, on a réalisé des mesures à l'aide d'un spectromètre à fluorescence X, de type Siemens (SRS 300). L'essai de Fluorescence X utilisé est une technique d'analyse élémentaire non destructive pour analyser quantitativement la composition chimique (du bore jusqu'à l'uranium excepté l'azote) d'échantillons solides ou liquides. Dans cette technique, un faisceau de rayons X est projeté à travers l'échantillon. Ce faisceau est soumis à 3 processus : l'absorption, la diffusion et la Fluorescence X.   La Fluorescence X est une émission secondaire de rayon X, caractéristiques des éléments atomiques qui composent l'échantillon.

Le MIOM a été broyé finement avec une granulométrie inférieure à 200 μm. Le Tableau 4.11 récapitule les différents éléments chimiques sur 3 échantillons représentatifs.

Tableau 4.11: Composition chimique du MIOM (masse en %)

Élément	Symbole	Unité	Moyenne
Oxygène	O	%	47.0
Sodium	Na	%	4.3
Magnésium	Mg	%	1.4
Aluminium	Al	%	4.0
Silicium	Si	%	20.5
Phosphore	P	%	0.5
Soufre	S	%	1.0
Chlore	Cl	%	0.6
Potassium	K	%	1.0
Calcium	Ca	%	12.3
Titane	Ti	%	0.3
Zinc	Cr	%	0.3
Manganèse	Mn	%	0.1
Fer	Fe	%	6.3
Cuivre	Ni	%	0.1
Nickel	Cu	%	Traces
Chrome	Zn	%	Traces
Strontium	Sr	%	Traces
Zirconium	Zr	%	Traces
Stannum	Sn	%	Traces
Baryum	Ba	%	Traces
Plomb	Pb	%	Traces

4.4.2 Analyse par Diffraction X

L'analyse par Diffraction des Rayons X a été employée pour déterminer les composés minéraux. L'appareil utilisé est un diffractomètre de rayons X, de type Siemens (D5000) destiné à l'identification qualitative des phases minérales cristallisées dans un composé donné, de la détermination des textures, ainsi que les contraintes résiduelles superficielles.

Le MIOM a été broyé finement avec une granulométrie inférieure à 200 µm. Les mesures ont été faites sur 3 échantillons représentatifs.

Le Tableau 4.12 représente les composés cristallisés identifiés par Diffraction aux Rayons X.

Tableau 4.12: Composés cristallins

Phases	Caractère	Phases	Caractère
Quartz	Certain	Gehlenite	Probable
Calcite	Certain	Pseudowollastonite	Probable
Hematite	Certain	Anhydrite	Probable
Magnetite	Certain	Gypsum	Probable
Wustite	Certain	Albite	Probable
		Diopside	Probable

La Figure 4.10 montre un exemple de résultat d'analyse.

Mâchefer

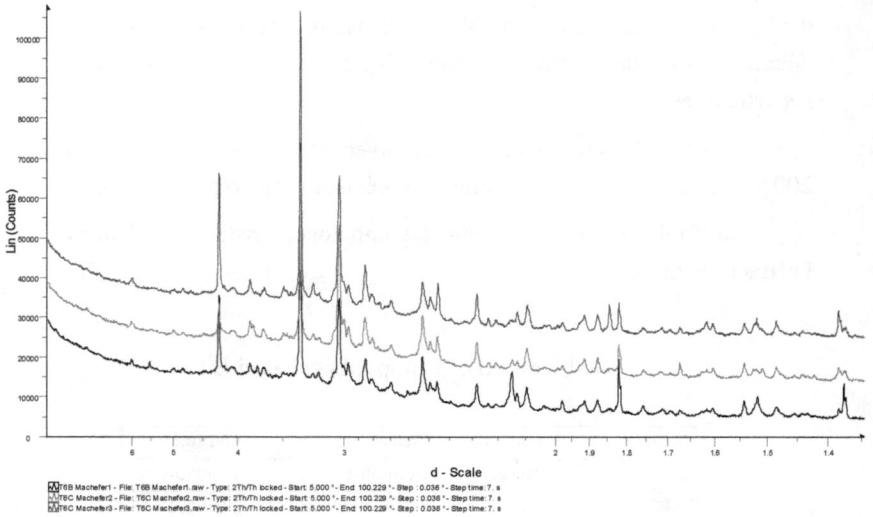

Mâchefer

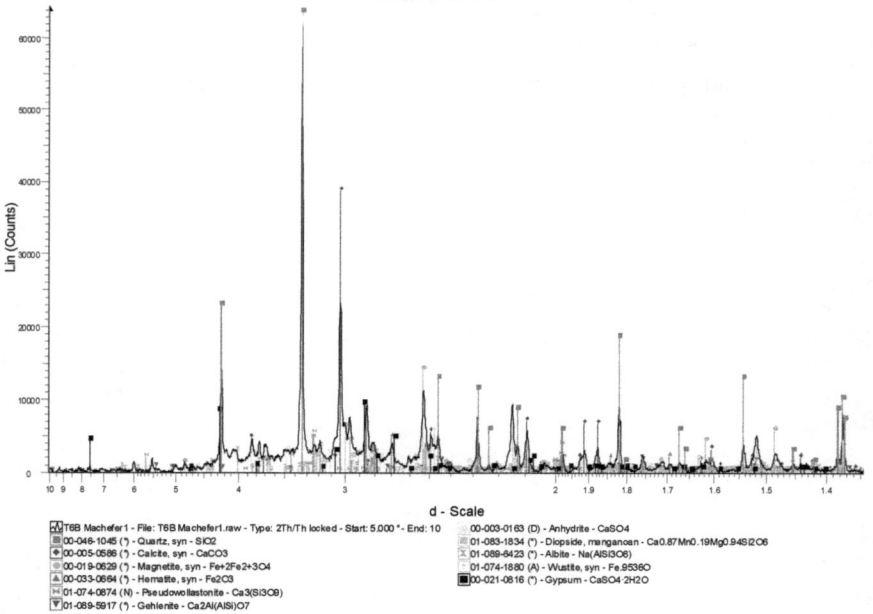

Figure 4.10: Analyse par diffraction X

Les analyses par Fluorescence X et par Diffraction de Rayons X montrent que les éléments majeurs sont : SiO_2, CaO, Fe_3O_4, Na_2O, Al_2O_3. Ces éléments en particulier SiO_2 créent le squelette des MIOM. Les principales sources de SiO_2 sont des particules de verre (bouteille, etc..). La grande quantité de verre dans le MIOM prouve un degré élevé d'angularité [Zevenbergen C. et al., 1998]. Alors que, la présence des CaO et Al_2O_3 est à l'origine des phénomènes de gonflement qui restreignent l'utilisation des MIOM dans le domaine routier [Djiele L. P., 1996; Lefèvre J., 1998; Abriak N. E, 2004]. Le gonflement cause des problèmes comme la fissuration et la perte de résistance mécaniques etc. Pour remédier à ces désordres, il faut ajouter des liants hydrauliques ainsi que des autres solutions comme la séparation des particules d'alumine etc.

4.4.3 Analyse Thermique Différentielle et Thermo Gravimétrique (ATD et ATG)

Une analyse ATD-ATG est réalisée sur le MIOM pour déterminer l'évolution de la structure et de la composition chimique de matériau au cours d'une variation de température. Différents paramètres sont suivis en fonction du temps et de la température du four de l'appareil spécifique utilisé : la masse (analyse thermo - gravimétrique), la température de l'échantillon (analyse thermique différentielle), et le flux de chaleur qui accompagne chaque évolution (analyse calorimétrique différentielle).

Le MIOM a été broyé finement avec une granulométrie inférieure à 200 µm. La Figure 4.11 présente les résultats de cette analyse.

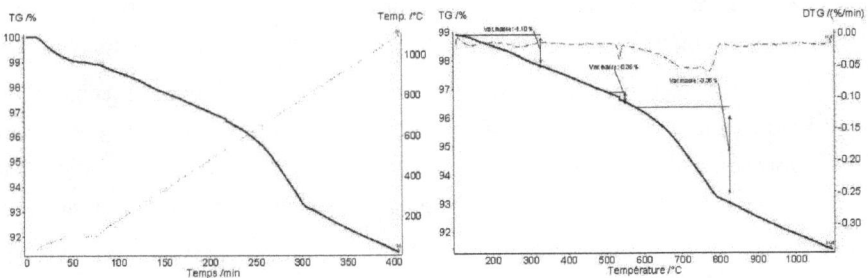

Figure 4.11: Analyse thermique différentielle et thermo gravimétrique

On peut noter une grande perte de masse (3.36 %) pour des températures comprises entre 600° C et 800° C correspondant à la décomposition de la phase calcite.

4.5 Caractéristiques environnementales

Pour les déchets utilisés en technique routière, le test de lixiviation (NF XP X 31-210) est l'un des principaux tests qui sont classiquement appliqués pour évaluer les risques de relargage d'un déchet [Direction des routes, 2003]. Pour des MIOM, la Circulaire du 9 mai 1994 du ministère de l'environnement impose un contrôle des caractéristiques des MIOM à l'aide d'un test de lixiviation normalisé et d'une mesure d'imbrûlés.

4.5.1 Taux d'imbrûlé ou perte au feu

Selon la Circulaire du 9 mai 1994, le taux d'imbrûlé est déterminé par la perte de masse, exprimée en pourcentage du poids sec de l'échantillon initial après 4 heures de calcination à 500° C d'un échantillon préalablement séché à 105° C et broyé à 4 mm.

Pour le MIOM étudié, près maturation, la perte au feu à 500° C sur 3 échantillons représentatifs s'établit à 2.60 %. Cette valeur étant inférieur à 5 %, le MIOM est correctement incinéré.

4.5.2 Essai de lixiviation (NF XP X 31-210)

Le test de lixiviation est un test rapide permettant de mesurer la quantité de certains polluants relargués par un déchet. Il est considéré actuellement comme un outil indispensable pour la prédiction du comportement à long terme d'un matériau, des déchets en particulier.

Ce test repose sur la mise en contact répétée d'un échantillon représentatif de 100g de MIOM avec un litre d'eau, dans des conditions normalisées. Cette méthode permet l'obtention de la fraction solubilisée par élément ou globale d'un échantillon de déchet dans des solutions aqueuses.

Le Tableau 4.13 donne les différents éléments présents lixiviés dans le MIOM. Ce résultat indique que le MIOM étudié dans cette étude est un MIOM « V ».

Tableau 4.13: Tableau récapitulatif des différents éléments lixiviés et comparaison avec les limites (en mg/kg)

Symbole	Élément ou ion	Après maturation	Limites catégorie V
Cl-	Chlorures	200	
SO4--	Sulfates	670	< 1000
Hg	Mercure	< 0.03	< 0.2
Pb	Plomb	< 0.5	< 10
Cr VI	Chrome	< 0.5	< 1.5
Cd	Cadmium	< 0.04	< 1
As	Arsenic	< 0.5	< 2
COT		244.3	< 1500

4.6 Classification du MIOM étudié

Dans cette partie, le MIOM sera classifié selon la Circulaire du 9 mai 1994 et le Guide technique SETRA-LCPC 2000 « Réalisation des remblais et des couches de forme ».

4.6.1 Analyse environnementale

La valeur de l'essai de perte au feu est égale à 2.60 %, inférieure à 5 %. Cette valeur associée aux résultats des essais de lixiviation présentés dans le Tableau 4.13 (qui sont des principales caractéristiques en vue d'un classement chimique) donne des valeurs inférieures aux limites imposées par la Circulaire du 9 mai 1994 correspondant aux MIOM de catégorie « V ». Ce MIOM est valorisable en techniques routières et dans d'autres applications semblables.

4.6.2 Classification du MIOM étudié selon le Guide technique SETRA-LCPC 2000

En vue d'un classement géotechnique, on compare les principales caractéristiques du MIOM étudié avec le domaine de variabilité de ces caractéristiques défini par [SETRA-LCPC, 2000] (Tableau 4.14).

Tableau 4.14: Plage de variation des caractéristiques géotechniques des MIOM

Paramètres	Domaine de variabilité définie par SETRA	Valeurs des MIOM étudiés
Granulométrie	0/31.5 mm	0/20
Quantités des fines	5 % < passant à 0.08 mm < 12 %	6.3 %
Passant à 2 mm	20 % < passant à 2 mm < 45 %	33.2 %
Valeur au bleu de méthylène sur la fraction 0/5 mm	0.01 < VBS < 0.1	0.057
Équivalent de sable	35 < ES < 70	99.6
Résistances mécaniques sur la fraction 10/14 mm	36 < LA < 50 15 < MDE < 45	40.7 19
Teneur en eau	8 % < w < 25 %	18.1 %
Masse volumique absolue		2.7 g/cm^3
Indice portant immédiate	30 < IPI < 60	102
Optimum Proctor	Teneur en eau à l'optimum : 12.5 % < w < 15 % Masse Volumique apparente sèche : 1.75 < ρ_d (g/cm^3) < 1.87	12.5 % 1.87

La valeur du VBS obtenue est de 0.057, inférieure à 0.1, indique que le MIOM est de type sol sableux et donc insensible à l'eau. La valeur de ES est de 99.6, très grande, elle conforte les données de l'analyse granulométrique et de l'essai au bleu de méthylène, à savoir la faible proportion de fines. Selon le guide technique du [SETRA-LCPC, 2000], ce granulat de type MIOM peut donc être classé dans la catégorie D2 (Figure 4.12).

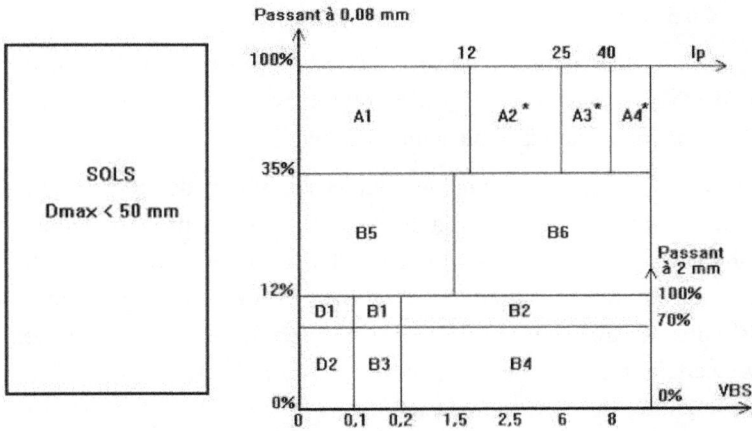

Figure 4.12: Classement des MIOM au sens du guide technique de SETRA

La catégorie D2 correspond à des graves alluvionnaires propres insensibles à l'eau. D'après le guide technique, ce granulat pourra être utilisé en remblai routier soit en l'état soit traité avec un liant hydraulique. Les valeurs obtenues de LA et MDE, inférieures à 45, permettent d'affiner ce classement en classe D21: ce granulat pourra être utilisé en couche de forme soit en l'état soit traité avec un liant hydraulique. Pour vérifier les possibilités d'utilisation en assise de chaussée, il convient de vérifier en plus certaines propriétés mécaniques (traficabilité à court terme, compactibilité, résistance). Les coefficients de fragmentabilité $FR \leq 7$ et de dégradabilité $DG \leq 5$ indiquent le matériau peut donc être considéré comme peu dégradable et peu fragmentable dans le temps au sens de guide [SETRA-LCPC, 2000].

Les valeurs de l'Optimum Proctor et de l'IPI obtenues sont bonnes. Avec un IPI de 70, ce matériau peut être considéré comme stable.

4.6.3 Conclusions

Selon la Circulaire du 9 mai 1994, le MIOM étudié est correspondant aux MIOM de catégorie « V ». Ce MIOM est valorisable en techniques routières et dans d'autres applications semblables.

Selon le « Guide technique pour la réalisation des remblais et des couches de forme », le MIOM étudié peut être classé dans la catégorie D21. Ce granulat « mâchefer » pourra être utilisé en remblai ou en couche de forme soit en l'état soit traité avec un liant hydraulique. Pour vérifier les possibilités d'utilisation en assise de chaussée, il convient de vérifier en plus certaines propriétés mécaniques (traficabilité à court terme, compactibilité, résistance). Les coefficients de fragmentabilité $FR \leq 7$ et de dégradabilité $DG \leq 5$ indiquent le matériau peut donc être considéré comme peu dégradable et peu fragmentable dans le temps au sens de guide [SETRA-LCPC, 2000]. Les valeurs de l'Optimum Proctor et de l'IPI obtenues sont bonnes. Avec un IPI de 70, ce matériau peut être considéré comme stable.

Ces propriétés sont les caractéristiques géotechniques usuelles pour apprécier essentiellement les MIOM, mais la description du comportement mécanique du MIOM ne peut se réduire à ces indices mécaniques du matériau car ils ne font intervenir les caractéristiques que d'une seule fraction granulaire, et ne traduit pas la performance mécanique globale du mélange granulaire (comme les phénomènes de la non linéarité élastique, de plasticité, le phénomène de gonflement et de tassement, l'anisotropie, la dilatance sous cisaillement, liquéfaction, comportement cyclique...) [Becquart F., 2006; Becquart F. et al, 2007; Becquart F. et al, 2008]. Par ailleurs, les développements récents du Génie Civil créent de multiples problèmes d'interaction entre structures et sols. La compréhension du comportement des sols et des ouvrages et de leurs interactions joue donc un rôle croissant et important dans les études géotechniques. Cela suppose une estimation fiable et pertinente des caractéristiques de déformation et de résistance des sols. La détermination des paramètres mécaniques, notamment les modules de déformation des sols et la connaissance de leur évolution des petites aux grandes déformations, et de leur variation suivant les chemins de contraintes deviennent donc des enjeux importants (Nguyen Pham T. T., 2008 ; Nguyen T. L., 2008).

Une caractérisation approfondie du comportement mécanique du MIOM est présentée dans le chapitre 5 et le chapitre 6. Des essais œdométriques et triaxiaux sur le matériau permettent une caractérisation expérimentale plus affinée, avec la mise en évidence de phénomènes caractéristiques des matériaux granulaires initialement denses : ces types d'essais standards permettent d'orienter un choix de modèle de comportement compatible avec les observations expérimentales obtenues.

134

Chapitre 5
Essais œdométriques

5.1 Introduction

Le travail réalisé dans ce chapitre a pour premier objectif, d'une part, d'approfondir et mieux décrire le comportement mécanique des MIOM et d'autre part, d'apprécier leurs aptitudes au gonflement (indice de gonflement "Cs") et au tassement (indice de compression "Cc"). Cette étude permettra également d'évaluer l'effet de l'énergie de compactage, l'effet de l'immersion ainsi que l'effet de la vitesse de chargement de l'essai sur le comportement mécanique des MIOM.

En réalité, les déformations constatées dans les remblais et les couches des chaussées entraînent, dans certains cas, des déformations en surface de la chaussée. Ces déformations différées dans le temps s'expliquent par le comportement mécanique des matériaux et par les variations des conditions extérieures [Mestat P., 2000]. Pour ces raisons, il est nécessaire d'évaluer ces déformations dans différents cas de figure (effet de compactage, effet du mode de cure, effet de la vitesse de chargement).

Pour les essais œdométriques, l'état de compacité du matériau à l'Optimum Proctor Modifié est préalablement choisi pour évaluer l'effet de l'énergie de compactage, l'immersion des éprouvettes pendant 24h est employée pour évaluer l'effet de l'imbibition tandis que l'application de différentes vitesses de chargement de l'essai nous permet d'évaluer l'effet de la vitesse de chargement.

5.2 Dispositif expérimental

Le protocole développé dans ce travail consiste à étudier le comportement mécanique des MIOM à différents états de compaction et de saturation. Les essais œdométriques permettent d'étudier le comportement mécanique d'un matériau sous différents chargements similaires aux chargements dus au trafic routier. Étant donné que les MIOM sont des matériaux de grand calibre de 0/20 mm, les moules œdométriques classiques ne sont pas adaptables. Nous avons donc développé un nouveau protocole applicable à tous les matériaux grenus. Les éprouvettes sont confectionnées dans des moules CBR (152 mm de diamètre et 88 mm de hauteur) utilisés en technique routière pour les tests de compactage selon la norme NP P 94-093. Les chargements sont appliqués à l'aide d'une presse INSTRON (Figure 5.1) de capacité 150 kN largement suffisante car en technique routière les routes en France sont dimensionnées pour un essieu de 13 tonnes.

Figure 5.1: Dispositif expérimental : presse INSTRON 150 kN

L'acquisition des contraintes et des déformations se fait d'une manière automatique respectivement par le biais du logiciel Blue Hill et du logiciel Logidat.

5.3 Procédure expérimentale

Les essais œdométriques ont été effectués selon les protocoles suivants:

- Essais sur échantillons non compactés non immergés (NC-NI) ;
- Essais sur échantillons non compactés immergés (NC-I) ;
- Essais sur échantillons compactés non immergés (C-NI) ;
- Essais sur échantillons compactés immergés (C-I).

La préparation des éprouvettes débute par une humidification des MIOM à la teneur en eau optimale selon l'essai Proctor Modifié soit 12.5 % dans un malaxeur électronique pendant 10 minutes (Figure 5.2).

Figure 5.2: Malaxeur électronique

Après malaxage, les échantillons sont compactés selon la norme « Proctor Modifié », alors que les échantillons non compactés sont remplis à l'aide d'une pelle sous aucune énergie de compactage. Par la suite et selon le mode de cure choisie, les éprouvettes à immerger sont conservées dans l'eau pendant 24h avant l'essai (Figure 5.3), tandis que les éprouvettes non immergées sont directement testées à l'essai œdométrique.

Le protocole d'essais œdométriques consiste à effectuer un chargement jusqu'à 90 kN puis un déchargement jusqu'à 1 kN et enfin un rechargement jusqu'à 120 kN. Les vitesses de chargement appliquées pour les différents essais varient de 0.15 à 0.60 mm/min.

a)   b)

Figure 5.3: Éprouvette œdométrique : a) non immergée b) immergée

5.4 Programme d'essais

Le Tableau 5.1 résume les protocoles expérimentaux de 8 essais.

Tableau 5.1: Série d'essais œdométriques

Compaction	Compacté (C)				Non compacté (NC)			
Immersion	Immergé (I)		Non immergé (NI)		Immergé (I)		Non immergé (NI)	
Nomination	A11	A12	A21	A22	B11	B12	B21	B22
Vitesse de chargement	0.15 mm/mn	0.6 mm/mn	0.3 mm/mn	0.3 mm/mn	0.6 mm/mn	0.6 mm/mn	0.3 mm/mn	0.6 mm/mn
Moule	H= 88 mm, D= 152 mm							
Cycle	Chargement		Déchargement			Rechargement		
	90 kN		1 kN			120 kN		

Une petite remarque dans ce programme d'essais, il n'y a que l'essai A11 qui est effectué avec 3 cycles déchargement – rechargement (Figure 5.4). Les autres sont effectués avec 1 cycle déchargement – rechargement.

139

5.5 Résultats et discussions

5.5.1 Courbe contrainte – déformation

Le test œdométrique a été utilisé pour déterminer le comportement mécanique des MIOM compactés non immergés, les résultats obtenus sont représentés dans la Figure 5.4.

L'allure de la courbe obtenue nous permet de déduire que les MIOM étudiés ont un comportement élastoplastique avec écrouissage. Les cycles de chargement – déchargement engendrent des déformations irréversibles ce qui prouve l'état de plasticité de ce matériau. L'évolution du seuil de plasticité de 5 MPa à 6.6 MPa traduit le phénomène d'écrouissage.

La réversibilité des sols n'existe que lorsque les déformations sont inférieures à 10^{-4} ou 10^{-5} [Biarew J. et Hicher P. Y., 1990; Mestat P. et Arafati N., 2000; Magnan J. P. et Mestat P., 1997]. En général, cette phase de chargement correspond au réarrangement des grains.

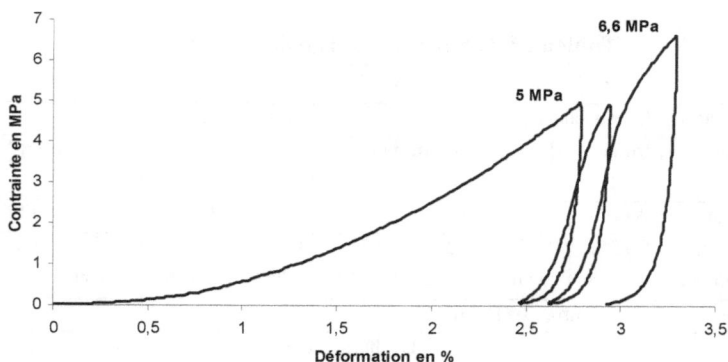

Figure 5.4: Courbe contrainte – déformation avec cycles déchargement – rechargement

5.5.2 Caractéristiques des compressibilités selon chaque protocole

5.5.2.1 Courbes œdométriques dans le plan (e-logp')

L'indice des vides « e » est déterminé selon le volume total V de l'éprouvette, le volume des vides V_v, le volume des grains solides V_s, le poids W_s des grains solides et le poids volumique de ces grains solides γ_s :

$$e = \frac{V_v}{V_s} = \frac{V}{V_s} - 1 = \frac{V\gamma_s}{W_s} - 1 \quad (5\text{-}1)$$

On constate que l'indice des vides « e » varie selon le volume total V, ça signifie qu'il varie selon la hauteur H de l'éprouvette (l'aire de la section transversale D de l'éprouvette ne change pas). Pour calculer le poids W_s des grains solides, on se base sur la teneur en eau w, le poids W_w de l'eau et le poids total W de l'éprouvette. On a :

$$W_w + W_s = W \ \text{ et } \ \ w = \frac{W_w}{W_s} \ \Rightarrow \ W_s = \frac{W}{1+w} \Rightarrow e = \frac{HD\gamma_s\left(1+w\right)}{W} - 1 \quad (5\text{-}2)$$

Les Figure 5.5, Figure 5.6, Figure 5.7 et Figure 5.8 représentent des courbes de compressibilité des séries d'essais, où l'indice de vide « e » est reporté en fonction du logarithme de la pression de compactage « logp' ».

- Essais sur échantillons compactés non immergés «A11» et «A12»

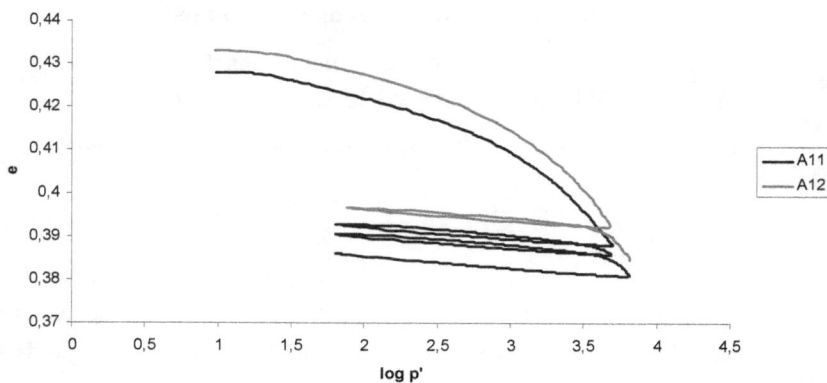

Figure 5.5: Courbes de compressibilité correspondant aux échantillons C NI

- Essais sur échantillons compactés immergés «A21» et «A22»

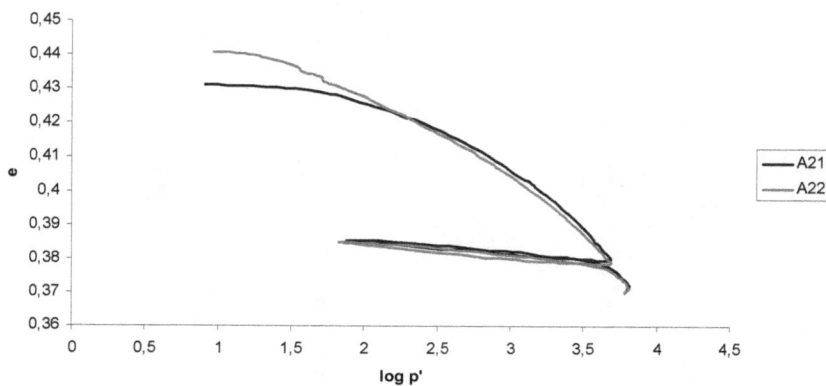

Figure 5.6: Courbes de compressibilité correspondant aux échantillons C I

142

- Essais sur échantillons non compactés non immergés «B11» et «B12»

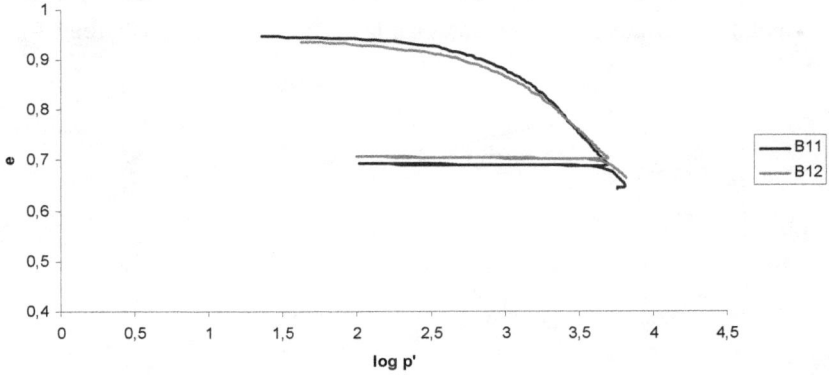

Figure 5.7: Courbes de compressibilité correspondant aux échantillons NC NI

- Essais sur échantillons non compactés immergés «B21» et «B22»

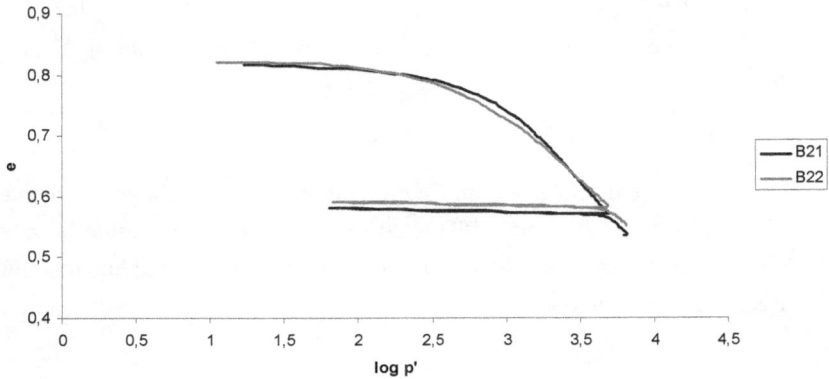

Figure 5.8: Courbes de compressibilité correspondant aux échantillons NC I

5.5.2.2 Méthode de détermination des indices de compressibilité

La courbe de compressibilité est la courbe continue qui relie les points expérimentaux représentés sur le diagramme $(e, \lg p')$ (Figure 5.9).

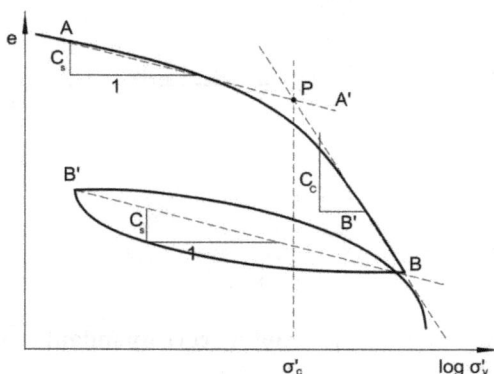

Figure 5.9: Courbe de compressibilité

L'indice de gonflement (ou de recompression) Cs est déterminé dans la phase déchargement – rechargement, il est représenté par la pente de la droite (BB'). Cette pente est définie comme la valeur absolue de la variation de l'indice des vides « e » pour un module à l'échelle logarithmique :

$$C_s = \Delta e / \Delta \left(\lg . \sigma_v' \right)$$

L'indice de compression Cc est déterminé de la phase de chargement, c'est la pente de la droite (PB). Cette pente est définie comme la valeur absolue de la variation de l'indice des vides « e » pour un module à l'échelle logarithmique :

$$C_c = \Delta e / \Delta \left(\lg . \sigma_v' \right)$$

La contrainte verticale effective de préconsolidation σ'c correspond au point P résultant de l'intersection des droites AA' et BB'.

144

Le Tableau 5.2 récapitule les résultats obtenus à travers l'exploitation des différentes courbes œdométriques issues des différents essais :

Tableau 5.2: Récapitulatif des indices de compressibilité et vitesses de chargement

Échantillon	γ_h (T/m^3)	γ_d (T/m^3)	γ_s (T/m^3)	W (%)	e_0	C_s	C_c	Contrainte de préconsolidation $\sigma'c$ (kPa)	Vitesse de chargement (mm/min)
A11 C N I	2.12	1.89	2.70	12.2	0.428	0.0026	0.0409	679	0.15
A12 C N I	2.12	1.88	2.70	12.5	0.433	0.0026	0.0420	685	0.60
A21 C I	2.12	1.89	2.70	12.4	0.431	0.0035	0.0465	501	0.30
A22 C I	2.10	1.87	2.70	12.1	0.441	0.0036	0.0461	454	0.30
B11 NC N I	1.56	1.39	2.70	12.6	0.947	0.0032	0.3222	960	0.60
B12 NC N I	1.56	1.39	2.70	12.6	0.947	0.0031	0.3190	956	0.60
B21 NC I	1.67	1.49	2.70	12.2	0.817	0.0062	0.2318	490	0.30
B22 NC I	1.67	1.49	2.70	12.2	0.817	0.0062	0.2306	500	0.60

En se référant aux seuils de compression et de gonflement des sols, les résultats obtenus montrent que les MIOM compactés qu'ils soient immergés ou non immergés sont qualifiés de peu gonflables ($C_s < 0.04$) et très peu compressibles. Par contre, les MIOM non compactés sont aussi peu gonflables mais assez fortement compressibles.

5.5.3 Influence du compactage

Les Figure 5.10 et Figure 5.11 montrent l'influence du compactage initial sur le comportement mécanique du matériau en l'occurrence sa déformation.

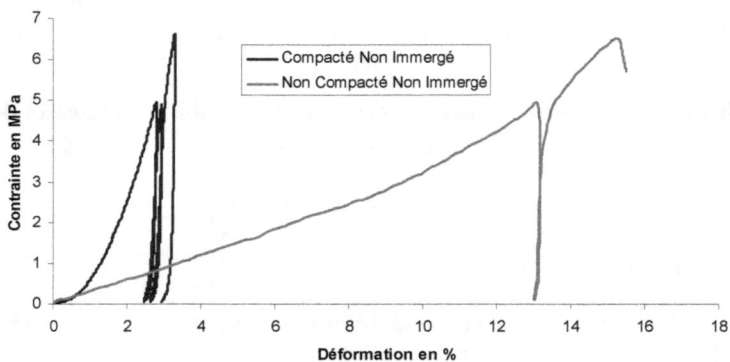

Figure 5.10: Courbes contrainte – déformation pour les MIOM C NI et NC NI

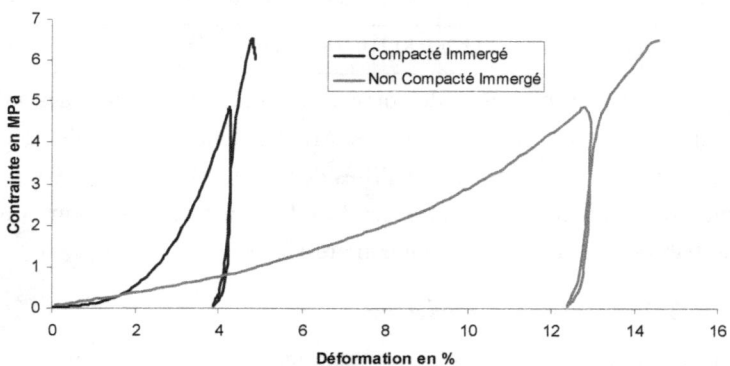

Figure 5.11: Courbes contrainte – déformation pour les MIOM C I et NC I

La déformation du matériau compacté est de l'ordre de 3 % à 4 %. Elle est de l'ordre de 12.5 % à 13 % pour le matériau non compacté. Cette

146

différence peut s'expliquer par le réarrangement granulaire du matériau non compacté du fait des vides qu'il contient.

Les valeurs obtenues pour l'indice de gonflement Cs sont trop petites par rapport au seuil de 0.04 qui distingue les sols gonflants et les sols non gonflants. La variation de ces valeurs est négligeable par rapport à ce seuil. Alors qu'au niveau de l'indice de compression, on peut bien constater l'effet de compactage. Pour les échantillons compactés, Cs < 0.1, ils sont peu compressibles. Pour les échantillons non compactés, Cs > 0.2, ils sont très compressibles.

5.5.4 Influence de l'imbibition

La différence de déformation est très faible tant pour le matériau compacté que pour le non compacté (de l'ordre de 1 %) (Figure 5.12 et Figure 5.13).

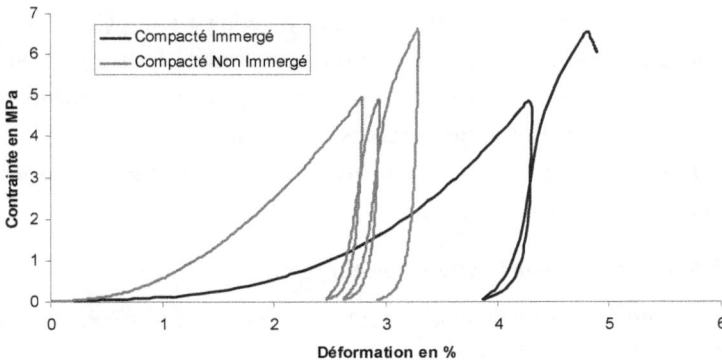

Figure 5.12: Courbes contrainte – déformation pour les MIOM C I et C NI

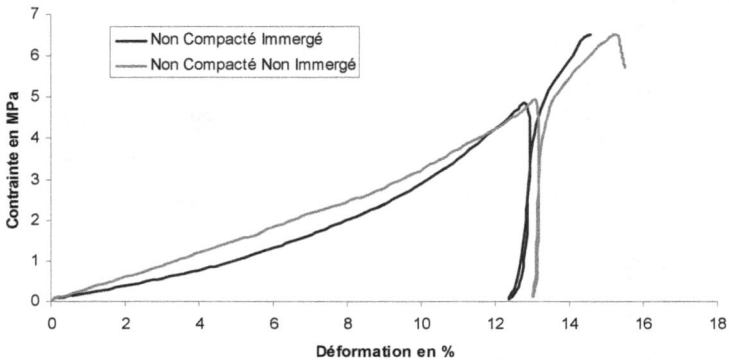

Figure 5.13: Courbes contrainte – déformation pour les MIOM C I et C NI

On peut faire la même observation sur l'effet de l'immersion pour l'indice de gonflement Cs. Quant à l'indice de compression Cc, pour les échantillons compactés, les valeurs sont du même ordre, il n'y a pas l'effet de l'immersion. Pour les échantillons non compactés, les valeurs de l'indice de compression Cc sont grandes, l'effet de l'immersion est assez net sur l'indice de compression. Cet effet vient de la mise en place de l'éprouvette manuellement.

5.5.5 Influence de la vitesse de chargement

Les vitesses de chargement appliquées pour les différents essais varient de 0.15 à 0.60 mm/min (

Tableau 5.2).

Pour les essais œdométriques compactés non immergés A11 et A12, les échantillons ont le même état de compactage et le même état hydrique, on ne change que la vitesse de sollicitation oedométrique, soit 0.15 mm/mn pour l'essai A11 et 0.6 mm/mn pour l'essai A12. Les indices de compressibilité restent invariants. On fait la même remarque pour les essais non compactés immergés B21 et B22, les vitesses de sollicitations des deux essais sont respectivement de 0.3 mm/mn et 0.6 mm/mn. Les résultats obtenus ont montré que la vitesse n'avait aucun effet sur le comportement mécanique du MIOM, contrairement à un matériau cohérent tel que l'argile. Cela peut s'expliquer par la réduction de la surpression interstitielle et par le fait que les MIOM ont un comportement similaire à celui des sables qui ont ainsi une viscosité négligeable [Magnan J. P. et Mestat P., 1997].

5.5.6 Évolution de la granulométrie du MIOM

Dans le but d'évaluer l'effet du protocole proposé (compactage + test œdométrique + ou non immersion) sur la stabilité des MIOM, nous avons procédé à une comparaison de la distribution granulométrique entre les MIOM originaux et les MIOM soumis au protocole. Les résultats obtenus sont présentés sur la Figure 5.14.

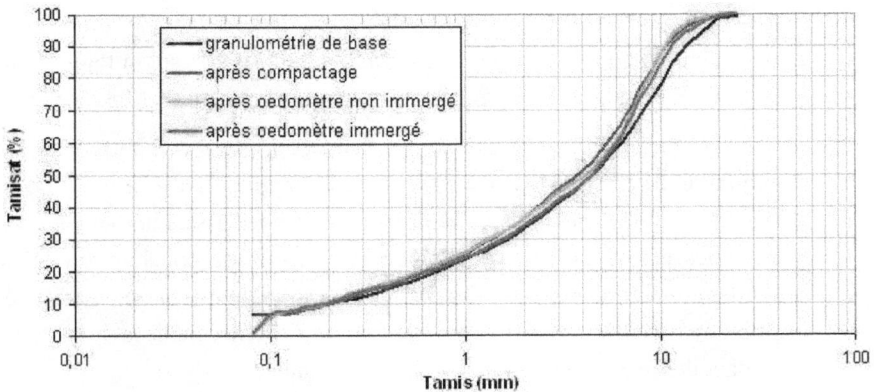

Figure 5.14: Comparaison entre des courbes granulométriques des MIOM après compactage et après essai œdométrique avec celle des MIOM originaux

L'analyse des courbes obtenues montre que, quel que soit le protocole appliqué, la distribution granulométrique du matériau reste stable, corroborant les résultats obtenus précédents (les MIOM jugés peu dégradable et peu fragmentable).

149

5.6 Conclusions

L'analyse de l'évolution de la granulométrie avant et après compactage et immersion montre que le MIOM est stable. Les résultats de l'essai de fragmentabilité et de dégradabilité corroborent ce constat (les MIOM sont peu fragmentables et peu dégradables). Grâce au protocole mis en place, il a été montré que les MIOM présentent un comportement élastoplastique avec écrouissage, et que la vitesse de chargement n'a aucun effet sur le comportement mécanique du MIOM. Ce dernier peut être assimilé à un matériau granulaire pulvérulent qui se caractérise par une viscosité négligeable.

La comparaison des indices de compressibilité des MIOM avec ceux de l'argile et des marnes montre que le MIOM étudié est non gonflant, et soit compressible soit incompressible selon l'état de compacité. En effet ce MIOM est non gonflant sur le plan du gonflement mécanique. En revanche sur le plan du gonflement physico-chimique, le MIOM est gonflant à cause de la présence de minéraux gonflants (aluminium, etringite, MgO, CaO).

Le compactage influence beaucoup le comportement de compressibilité du MIOM. En revanche, après 24h d'immersion, la différence de déformation des échantillons entre les essais immergés et non immergés est de l'ordre de 1 %, ce qui permet de conclure sur le peu d'influence et le peu d'effet de l'imbibition. En réalité, l'effet des conditions extérieures sur la compressibilité est décelable à long terme, pendant des années, et même des dizaines d'années.

Chapitre 6
Essais triaxiaux

6.1 Essais triaxiaux

L'essai triaxial est l'essai de laboratoire le plus utilisé pour étudier les comportements mécaniques des sols. Cet essai consiste à soumettre une éprouvette cylindrique de matériau à un champ de contraintes uniforme défini par une pression hydrostatique dans le plan horizontal et une contrainte créée par une presse. Parmi les différents essais triaxiaux, l'essai triaxial consolidé drainé de cisaillement en compression a été choisi pour étudier les caractéristiques de déformations et de résistances du MIOM et par ailleurs, pour étudier de façon plus approfondie l'influence de la vitesse de chargement de l'essai sur le comportement mécanique des MIOM.

Les caractéristiques mécaniques comme le module de Young, le coefficient de Poisson, l'angle caractéristique, l'angle de dilatance, la cohésion et l'angle de frottement ont été déterminés par des essais triaxiaux. Ces caractéristiques mécaniques propres au matériau étudié pourront être intégrées dans un schéma de dimensionnement spécifique aux structures de chaussées à base de MIOM. Ces paramètres pourront également être intégrés dans des modèles théoriques et simulation numérique nécessaires à la prédiction du comportement du matériau à grande échelle de réalisation.

Les principaux paramètres étudiés permettent d'évaluer l'influence de la pression de confinement effective, l'évolution du module de déformation selon la déformation axiale et la variation du déviateur de pression selon la pression moyenne.

Un ensemble des points caractérisant l'état limite a été déterminé à partir des essais triaxiaux dans le but de représenter la forme de la surface de charge du MIOM. Cet ensemble de points d'état limite est une base importante pour déterminer la surface de charge ainsi que la loi d'écoulement du matériau de type « mâchefer ».

Les caractéristiques mécaniques qui ont été déterminées à travers des essais triaxiaux drainés en compression en appliquant des vitesses de chargements propres à chaque essai permettent d'évaluer l'influence de la vitesse de chargement de l'essai sur le comportement mécanique des MIOM. Grâce à cela, la viscosité du MIOM et son comportement temporel seront précisés.

Les résultats des essais triaxiaux couplés avec les résultats des essais d'identification et des essais œdométriques du MIOM vont permettre d'orienter le choix d'un modèle de comportement adapté au matériau granulaire de type « mâchefer ».

6.2 Dispositif expérimental

Les essais triaxiaux ont été mis en œuvre au moyen d'une presse triaxiale électromécanique d'une capacité de 50 kN utilisant un ordinateur pour le pilotage et pour l'acquisition automatique des mesures. L'appareil utilisé comprend deux éléments principaux : la cellule triaxiale WYKEHAM FARRANCE, et les contrôleurs de pression - volume GDS. Dans ces essais, les GDS sont reliés par flexible à l'embase inférieure de la cellule pour contrôler la pression de confinement (ou pression hydrostatique) notée σ_3 et la pression interstitielle notée u (Figure 6.1). Cet ensemble est relié à une centrale d'acquisition des mesures via un certain nombre de capteurs de mesure des paramètres d'essais (capteurs de mesure du déplacement, de la force axiale, des variations de volume, des surpressions interstitielles et de pression). Le système d'acquisition des mesures est entièrement automatisé. Il permet de réaliser des essais avec une grande précision et en toute sécurité. Le logiciel d'acquisition, appelé GDSLAB, permet de visualiser la lecture des différents capteurs en tension ou en quantités physiques. Ce logiciel permet aussi d'afficher en temps réel l'ensemble des données sous forme graphique (courbes) ou numérique (tableau de valeurs) pour l'ensemble des phases de l'essai, notamment les courbes de cisaillement (q, ε_1) et celle des déformations volumiques $(\varepsilon_3, \varepsilon_1)$.

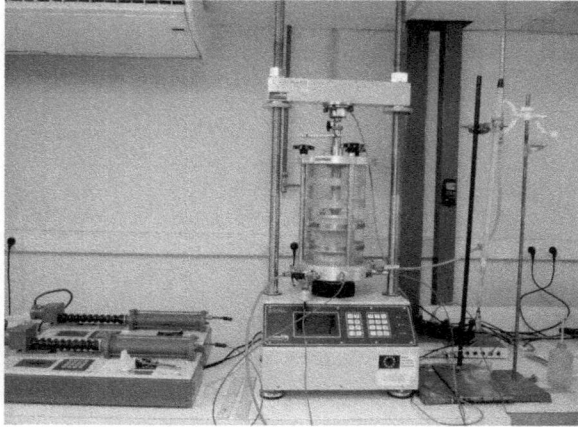

Figure 6.1: Appareil de l'essai triaxial

6.3 Procédure expérimentale

La procédure expérimentale consiste à fabriquer, saturer, consolider puis cisailler des éprouvettes de MIOM [NF P 94-074]. L'essai triaxial sur le MIOM est en effet une procédure délicate à cause de la nature et de la spécificité du matériau granulaire.

Chaque éprouvette cylindrique de MIOM (117.5 mm de hauteur et 101.5 mm de diamètre) a été compactée en cinq couches dans un moule Proctor en se basant sur les résultats obtenus de l'optimum Proctor modifié (12.5 %). Du fait de la présence de particules anguleuses, il est difficile d'araser la surface supérieure de l'éprouvette, il est nécessaire d'enlever les particules qui dépassent et de les remplacer par des fractions fines du matériau issu du compactage (Figure 6.2).

154

Figure 6.2: Confection des éprouvettes

Pour limiter le problème de la perforation des membranes, un film plastique strié (inclinaison des stries de 45°) a été utilisé pour recouvrir la membrane latex. Une fois le film plastique mis en place, une seconde membrane latex vient recouvrir l'échantillon (Figure 6.3).

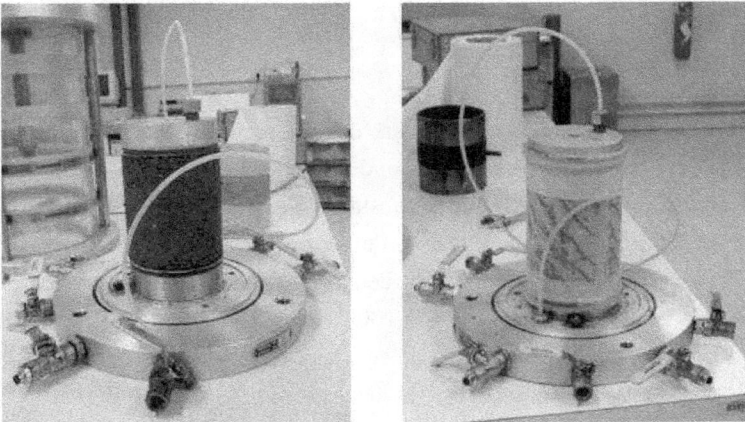

Figure 6.3: Éprouvette sur la base, sans et avec les membranes de protection

Après le montage de l'éprouvette, une mise en saturation est effectuée. Cette phase est délicate dans le sens où le MIOM est non inerte chimiquement et provoque au contact de l'eau en circulation des réactions qui dégagent des gaz. La phase de saturation est exécutée à l'aide de deux burettes et d'un GDS pour dégazer l'air contenu au sein de l'éprouvette. Une bonne saturation du matériau peut être obtenue après quelques heures (~12h $\Rightarrow$ coefficient de Skempton B > 0.95).

Suite à la phase de saturation, l'éprouvette est consolidée sous une pression de confinement effective donnée p'=$\sigma_3 - u$. Pour chacun des essais réalisés, la durée de la phase de consolidation est fixée à 24h. Cette phase de consolidation est réalisée avec une pression interstitielle u constante.

Après consolidation, la phase de cisaillement est réalisée en imposant une vitesse de déplacement axial constante. La valeur de cette vitesse est fixée à 0.036 mm/min pour les essais destinés à la détermination des caractéristiques mécaniques des MIOM. Cinq valeurs (0.009 mm/min; 0.018 mm/min; 0.036 mm/min; 0.072 mm/min; 0.144 mm/min) ont été sélectionnées pour étudier l'influence de la vitesse de chargement de l'essai sur le comportement mécanique des MIOM. La fin de l'essai correspond à une déformation axiale variant de 10 à 15 %.

6.4 Programme d'essais

Quatre séries d'essais triaxiaux ont été réalisées. La première série d'essais est nommée « A » correspond aux essais drainés en compression avec une pression interstitielle u constante, fixée à 200 kPa et la seconde série est nommée « B » sont ceux où une pression interstitielle u constante est fixée à 400 kPa. Dans les deux séries d'essais la pression de confinement effective varie de p'= 100 kPa à p'= 400 kPa par pas de 100 kPa. Les vitesses de chargement de ces deux séries d'essai sont identiques : 0.036 mm/min (Tableau 6.1). Ces deux séries d'essais ont pour objet d'étudier les caractéristiques de déformation et de résistance du MIOM.

Tableau 6.1: Caractéristiques des essais triaxiaux des séries « A » et « B »

Essai	u (kPa)	σ_3 (kPa)	P' (kPa)	Vitesse de chargement (mm/min)
A1	200	300	100	0.036
A2	200	400	200	0.036
A3	200	500	300	0.036
A4	200	600	400	0.036
B1	400	500	100	0.036
B2	400	600	200	0.036
B3	400	700	300	0.036
B4	400	800	400	0.036

La troisième série d'essais est nommée « C » correspond aux essais drainés en compression avec une pression interstitielle u constante, fixée à 200 kPa. La quatrième série nommée « D » est celle où une pression interstitielle u constante est fixée à 400 kPa. Dans les deux séries d'essais la pression de confinement effective est constante p' = 200 kPa. Les vitesses de chargement d'essai de ces deux séries d'essai sont respectivement de 0.009 mm/min; 0.018 mm/min; 0.036 mm/min; 0.072 mm/min et 0.144 mm/min (Tableau 6.2). Ces deux séries d'essais ont pour objet d'étudier l'influence de la vitesse de chargement de l'essai sur le comportement mécanique des MIOM.

Tableau 6.2: Caractéristiques des essais triaxiaux des séries « C » et « D »

Essai	u (kPa)	σ_3 (kPa)	p' (kPa)	Vitesse de chargement (mm/min)
C1	200	400	200	0.009
C2	200	400	200	0.018
C3 = A2	200	400	200	0.036
C4	200	400	200	0.072
C5	200	400	200	0.144
D1	400	600	200	0.009
D2	400	600	200	0.018
D3 = B2	400	600	200	0.036
D4	400	600	200	0.072
D5	400	600	200	0.144

6.5 Présentation et discussion des résultats des essais triaxiaux « A » et « B »

6.5.1 Analyse des courbes de cisaillement et de déformation

Deux séries d'essais ont été réalisées avec deux pressions de confinement différentes : la série A avec u = 200 kPa et la série B avec u = 400 kPa. Les courbes de cisaillement (q, ε_1) en Figure 6.4 (u = 200 kPa) et Figure 6.6 (u = 400 kPa) représentent les variations du déviateur de contraintes $q = \sigma_1 - \sigma_3$ en fonction de la déformation axiale ε_1. Les courbes de déformation $(\varepsilon_3, \varepsilon_1)$ en Figure 6.5 (u = 200 kPa) et Figure 6.7 (u = 400 kPa) représentent les variations de la déformation volumique ε_v en fonction de la déformation axiale ε_1.

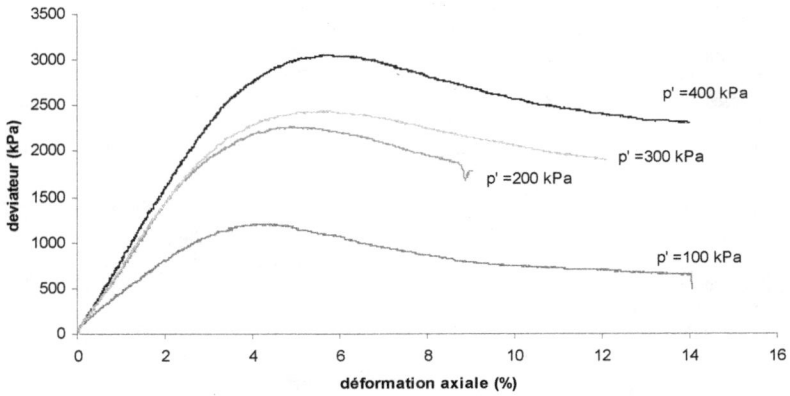

Figure 6.4: Évolution du déviateur de contrainte q pour u = 200 kPa

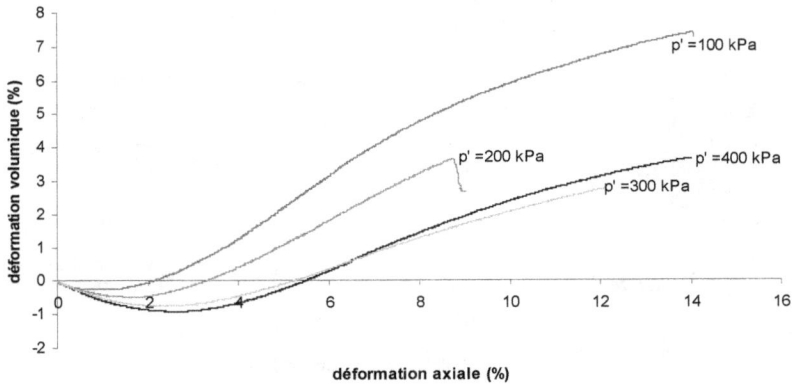

Figure 6.5: Évolution de la déformation volumique pour u = 200 kPa

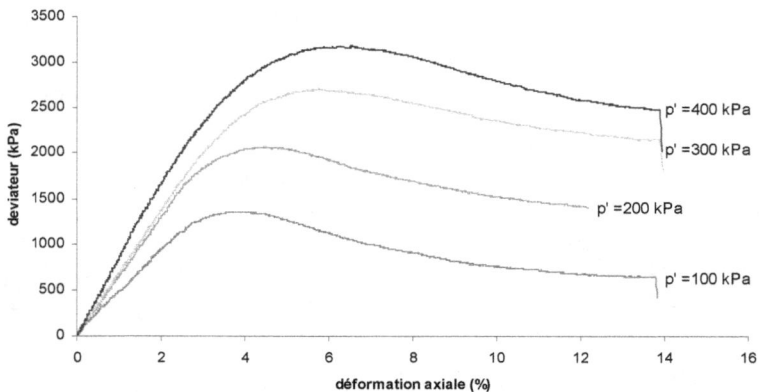

Figure 6.6: Évolution du déviateur de contrainte q pour u = 400 kPa

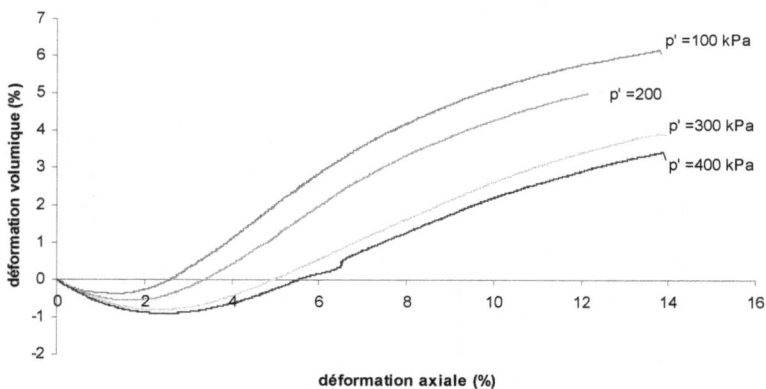

Figure 6.7: Évolution de la déformation volumique pour u = 400 kPa

Les courbes des Figure 6.4 et Figure 6.6 décrivent un phénomène typique lié à l'essai triaxial drainé sur des matériaux granulaires initialement denses [Cordary D., 1994; Evesque P., 2000]. Ces courbes ont

160

la même allure : une première phase presque linéaire jusqu'au voisinage d'un déviateur équivalent à environ 70 % du déviateur au pic et une seconde phase non linéaire progressive jusqu'au déviateur maximal caractérisée par une valeur au pic maximale notée « q_{pic} ». Enfin on trouve une dernière phase de rupture où les courbes déviatoriques tendent à évoluer vers un palier, caractérisée par une valeur du déviateur noté « $q_{résiduel}$ » constante.

L'observation des courbes d'évolution des déformations volumiques présentées en Figure 6.5 et Figure 6.7 nous indique que le cisaillement de l'essai est accompagné d'une phase contractante initiale (effet de serrage des grains), suivi d'une phase de dilatance (effet de désenchevêtrement des grains) vers les grandes déformations. Les effets de serrage et de désenchevêtrèrent entraînent des phénomènes irréversibles importants. Si les essais pouvaient être conduits jusqu'aux grandes déformations sans phénomène de localisation, on peut supposer que les courbes tendraient toutes vers une asymptote horizontale (état critique).

On peut constater que le phénomène de dilatance est d'autant plus prononcé que la pression de confinement effective est faible. En effet, à déformation axiale fixée, on peut observer une diminution de la déformation volumique avec l'augmentation de la pression de confinement effective. Les observations relevées ici sont analogues à celles faites sur les sables denses [Luong M. P., 1980; Prat M., 1995; Evesque P., 2000].

En raison de la faible proportion de fines (constatée au moyen des essais d'identification) et des comportements mécaniques triaxiaux similaires aux sables denses; les modèles de comportement élastoplastique avec écrouissage qui sont adaptés au comportement du matériau sableux ont au préalable été choisis pour modéliser les comportements mécaniques des MIOM.

Après avoir présenté les résultats de l'évolution du déviateur et de la déformation volumique à différentes pressions interstitielles, nous allons maintenant comparer ces mêmes évolutions à différentes pressions de confinement effectives (100 kPa, 200 kPa, 300 kPa et 400 kPa) (Figure 6.8,

Figure 6.9, Figure 6.10, Figure 6.11, Figure 6.12, Figure 6.13, Figure 6.14 et Figure 6.15).

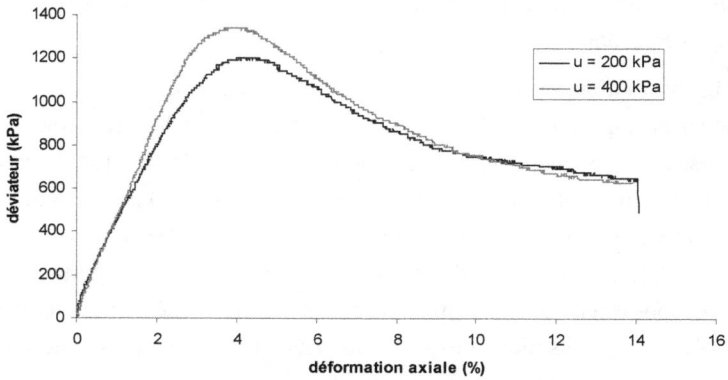

Figure 6.8: Évolution du déviateur de contrainte q pour p' = 100 kPa

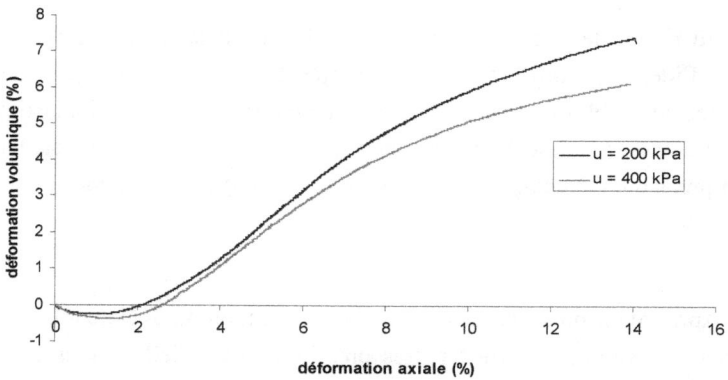

Figure 6.9: Évolution de la déformation volumique pour p' = 100 kPa

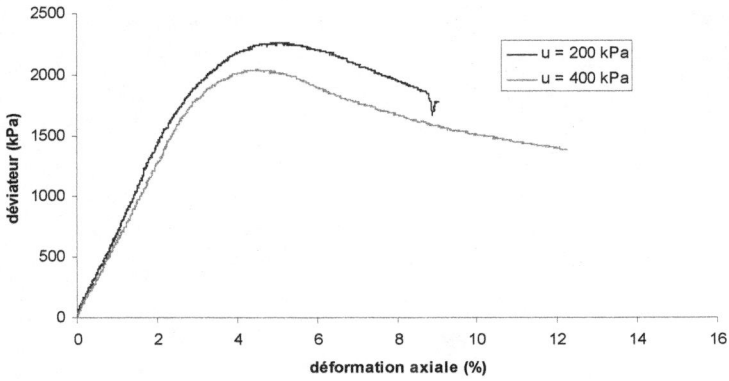

Figure 6.10: Évolution du déviateur de contrainte q pour p' = 200 kPa

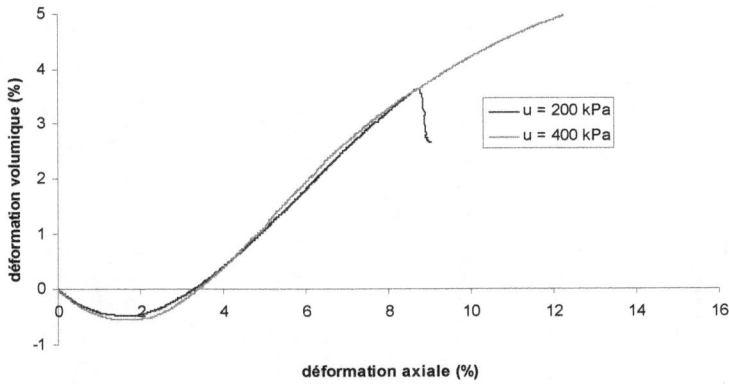

Figure 6.11: Évolution de la déformation volumique pour p' = 200 kPa

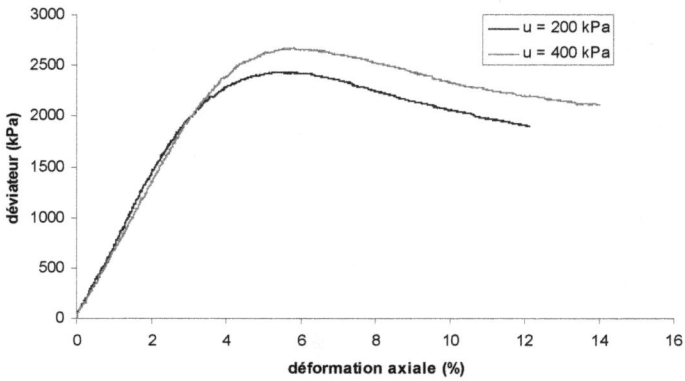

Figure 6.12: Évolution du déviateur de contrainte q pour p' = 300 kPa

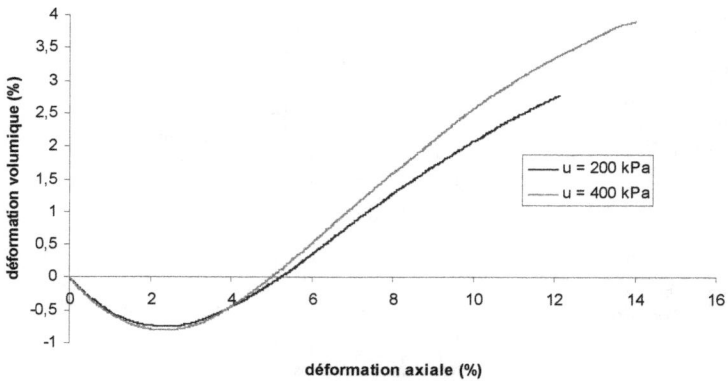

Figure 6.13: Évolution de la déformation volumique pour p' = 300 kPa

164

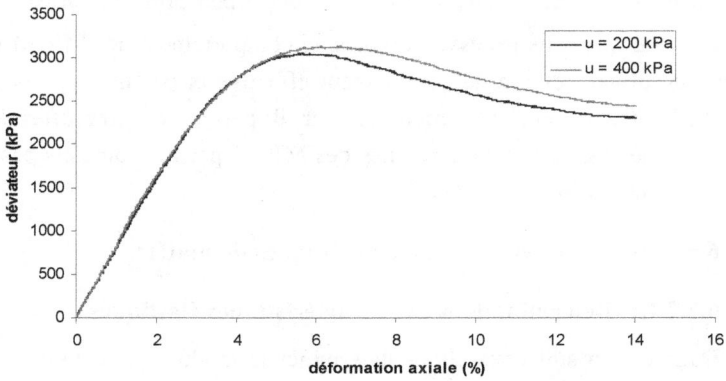

Figure 6.14: Évolution du déviateur de contrainte q pour p' = 400 kPa

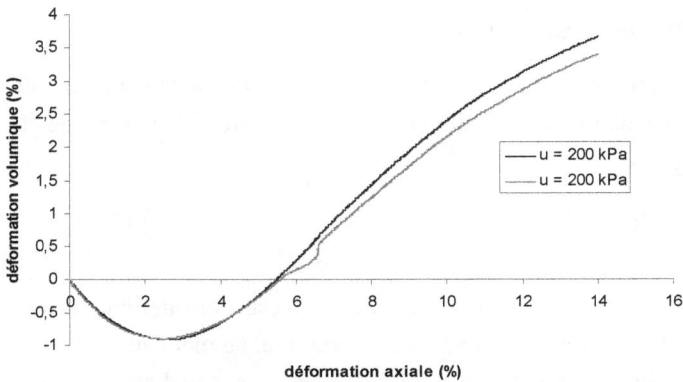

Figure 6.15: Évolution de la déformation volumique pour p' = 400 kPa

On peut constater que pour des essais drainés ayant la même pression de confinement effective $p' = \sigma_3 - u$, bien que la pression de confinement σ_3 et la pression interstitielle u soient différentes, les courbes de

165

cisaillement (q,ε_1) et de déformations $(\varepsilon_v,\varepsilon_1)$ sont à peu près similaires. On peut donc dire que dans les essais drainés, le comportement des MIOM ne dépend que de la pression de confinement effective et pas de la pression interstitielle. Ce résultat est important car il permet de simplifier les simulations des essais triaxiaux drainés des MIOM par des logiciels basés sur la méthode des éléments finis.

6.5.2 Détermination des caractéristiques du matériau

6.5.2.1 Déterminations des caractéristiques élastiques

Dans ce qui suit nous allons déterminer le module de Young E, le coefficient du Poisson v et le déviateur des contraintes maximum « résistance de cisaillement » $q_{pic}=(\sigma_1-\sigma_3)_{pic}$ du MIOM.

Le module de Young E est obtenu à partir de la pente initiale de la courbe de cisaillement (q,ε_1) soit à 0.2 % de déformation axiale $E_{0.2}$ soit à 50 % de la contrainte de rupture E_{50} comme illustré sur la Figure 6.16. Selon le cas, on choisira le module de Young $E_{0.2}$ ou E_{50} mais en pratique, pour le calcul numérique, on utilise souvent E_{50}.

Le coefficient du Poisson v est obtenu à partir de la pente initiale de la courbe de déformation volumique $(\varepsilon_v,\varepsilon_1)$ (Figure 6.17), à l'aide de la formule (6-1) :

$$v=\frac{1}{2}\left(\frac{d\varepsilon_v}{d\varepsilon_1}-1\right) \quad (6\text{-}1)$$

La résistance au cisaillement d'un sol est alors définie comme la contrainte de cisaillement dans le plan de rupture, au moment de la rupture. Dans la pratique, la résistance au cisaillement correspond au maximum de la contrainte de cisaillement (déviateur à la rupture) ou à une valeur asymptotique calculée pour des grandes déformations lorsque la courbe contrainte - déformation croît uniformément (déviateur ultime).

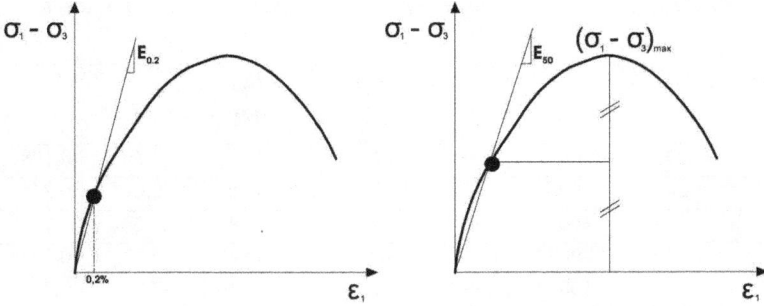

Figure 6.16: Détermination expérimentale du module de Young à partir des courbes expérimentales

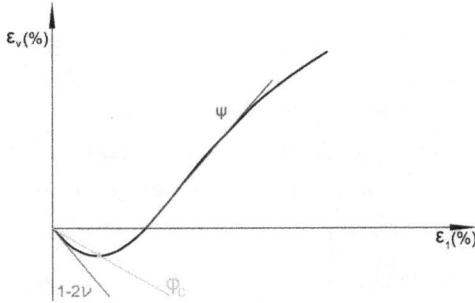

Figure 6.17: Détermination expérimentale du coefficient de Poisson, de l'angle caractéristique et l'angle de dilatance à partir des courbes expérimentales

Nous présentons dans le Tableau 6.3 les principaux résultats obtenus.

Tableau 6.3: Valeurs des caractéristiques élastiques mesurées

Essai	u (kPa)	p' (kPa)	σ_3 (kPa)	$(\sigma_1 - \sigma_3)_{pic}$ (kPa)	$E_{0,2}$ (MPa)	E_{50} (MPa)	v
A1	200	100	300	1215	75.33	42.56	0.198
A2	200	200	400	2283	83.02	70.01	0.235
A3	200	300	500	2463	87.23	73.22	0.206
A4	200	400	600	3090	92.47	79.82	0.197
B1	400	100	500	1357	72.56	48.71	0.217
B2	400	200	600	2073	78.89	63.56	0.224
B3	400	300	700	2707	86.35	69.51	0.212
B4	400	400	800	3179	94.85	81.90	0.18

Les modules de Young obtenus indiquent que le comportement élastique du MIOM se rapproche du comportement élastique des sables et des graviers (Sable : E = 50 à 80 MPa, Gravier : E = 100 – 200 MPa) [Prat M., 1995; Mestat P. et Arafati N., 2000]. La différence significative entre $E_{0.2}$ et E_{50} prouve que la première phase de la courbe déviatorique n'est pas rigoureusement linéaire.

On constate également que le module $E_{0.2}$ et E_{50} augmentent linéairement avec la pression de confinement effective (Figure 6.18 et Figure 6.19)

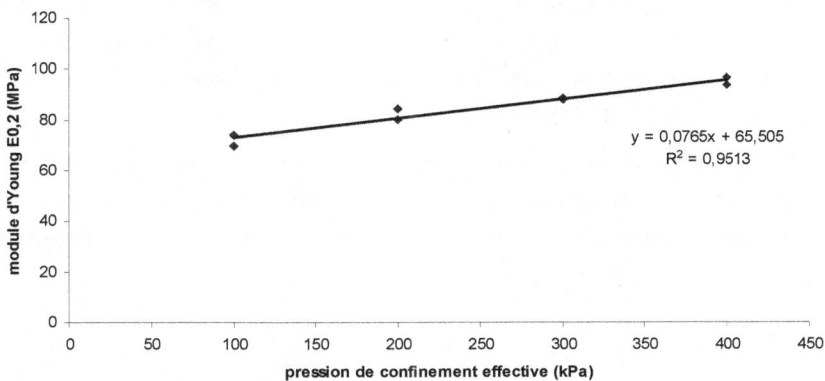

Figure 6.18: Variation du module de Young $E_{0.2}$ en fonction de la pression de confinement effective

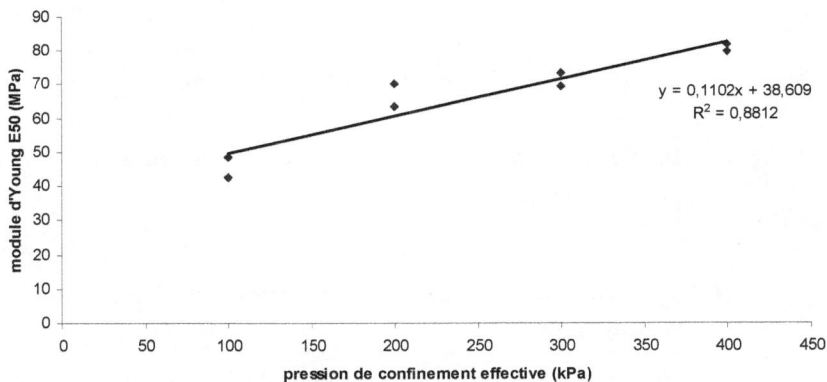

Figure 6.19: Variation du module de Young E_{50} en fonction de la pression de confinement effective

En revanche, le coefficient de Poisson ne change pas de manière significative avec la pression de confinement effective (Tableau 6.3). Les valeurs obtenues des coefficients de Poisson sont analogues à celles des sables [Prat M., 1995].

La résistance au cisaillement du MIOM dépend essentiellement de la pression de confinement effective. En fait, elle augmente avec la contrainte de confinement effective avec des courbes de mobilisation pratiquement homothétiques (Figure 6.20).

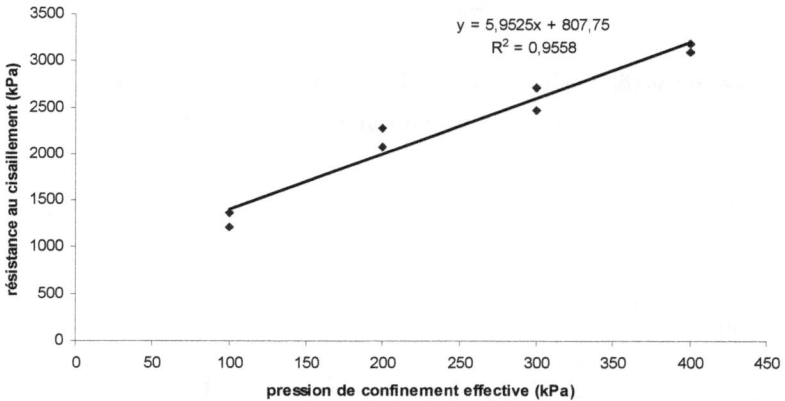

Figure 6.20: Variation de la résistance au cisaillement en fonction de la pression de confinement effective

6.5.2.2   Déterminations des caractéristiques de déformation volumique

Il s'agit de l'angle caractéristique φ_c et de l'angle de dilatance ψ. L'évaluation de ces deux paramètres est importante puisqu'ils permettent de quantifier les taux de contractance et de dilatance des sols; le caractère contractant ou dilatant d'un sol ayant une influence déterminante sur son interaction avec les ouvrages [Meddah A., 2008].

En pratique, l'angle caractéristique φ_c est déterminé à partir de la courbe de déformation volumique au point de pente nulle (point le plus bas de la courbe) (Figure 6.17).

L'angle de dilatance ψ est évalué à partir de la partie quasi-linéaire de la courbe de dilatance (Figure 6.17), à l'aide de la relation :

$$\psi = \arcsin\left(\frac{d\varepsilon_v / d\varepsilon_1}{2 + d\varepsilon_v / d\varepsilon_1}\right) \quad (6\text{-}2)$$

L'ensemble des valeurs obtenues est présenté dans le Tableau 6.4.

Tableau 6.4: Valeurs des caractéristiques de déformation volumique

Essai	u (kPa)	σ_3 (kPa)	p' (kPa)	φ_c (°)	ψ (°)
A1	200	300	100	11.7	11.36
A2	200	400	200	15.29	13.28
A3	200	500	300	16.26	11.01
A4	200	600	400	18.53	12.46
B1	400	500	100	15.49	14.79
B2	400	600	200	18.09	14.83
B3	400	700	300	18.12	12.11
B4	400	800	400	19.70	11.01

L'angle de dilatance ψ est proche avec l'angle de dilatance du sable et du gravier qui s'échelonne entre $0°$ et $15°$ [Prat M., 1995], il varie de façon peu significative avec la pression de confinement effective. Mais, les angles caractéristiques φ_c obtenus montrent clairement la dépendance du phénomène de dilatance vis-à-vis de la pression de confinement effective appliquée : la dilatance diminue lorsque la pression de confinement effective augmente. Ce même type de comportement est observé pour les sables denses [Luong M. P., 1980].

6.5.2.3 Déterminations de la cohésion c' et l'angle de frottement φ'

Au préalable pour chaque test triaxial retenu, la valeur de la contrainte axiale σ_1 à la rupture est estimée. La détermination de la cohésion

c' et de l'angle de frottement φ' est illustré en Figure 6.21; en se plaçant dans le plan Lambe (s',t) pour reporter les valeurs de $t = \frac{1}{2}(\sigma'_1 - \sigma'_3)$ à la rupture en fonction de $s' = \frac{1}{2}(\sigma'_1 + \sigma'_3)$ à la rupture pour tous les essais. Un ensemble de points est obtenu par lequel une droite est ajustée par la méthode des moindres carrés.

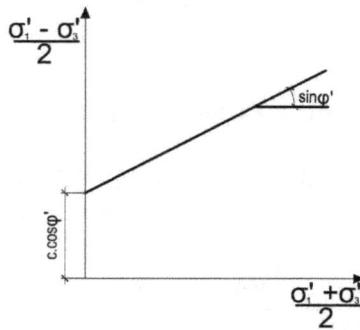

Figure 6.21: Définition des paramètres de résistance au cisaillement dans le plan (s',t)

En se basant sur les résultats expérimentaux obtenus, on a un ensemble de points de rupture comme dans la Figure 6.22.

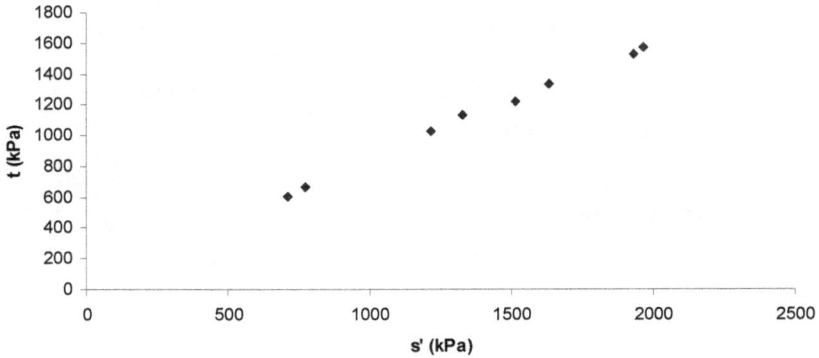

Figure 6.22: Détermination expérimentale de la cohésion c, de l'angle de frottement interne au pic

L'ensemble des valeurs obtenues est présenté dans le Tableau 6.5.

Tableau 6.5: Valeurs des caractéristiques de déformation volumique

	$\varphi'(°)$	c'
Série A	57.27	0
Série B	54.79	0
Moyenne	54.53	0

Les valeurs obtenues des caractéristiques de cisaillement et de rupture sont $\varphi' = 54.54°$ et c' = 0 kPa. En fait, l'angle de frottement dépend également de la forme et de l'état de surface des grains. La valeur élevée de l'angle de frottement se justifie par le fait que le matériau granulaire est composé de grains anguleux bien gradués [Prat M., 1995]. L'ordre de grandeur de l'angle de frottement obtenu est comparable aux angles de frottement obtenus sur des graves routières [Magnan J. P., 1991; Hornych P. et al, 1998].

La courbe de l'enveloppe de rupture aux fortes pressions laisse à penser que l'angle de frottement interne décroît avec les fortes pressions de

173

confinement effectives. Cette remarque est similaire à celle liée au comportement du sable [Prat M., 1995].

6.5.3 Variation du déviateur de pressions en fonction de la pression moyenne effective

Les chemins des pressions (q, p'), représentant les variations du déviateur de pression $q = \sigma'_1 - \sigma'_3$ en fonction de la pression moyenne $p = (\sigma'_1 + \sigma'_2 + \sigma'_3)$ sont représentés sur les Figure 6.23 et Figure 6.24.

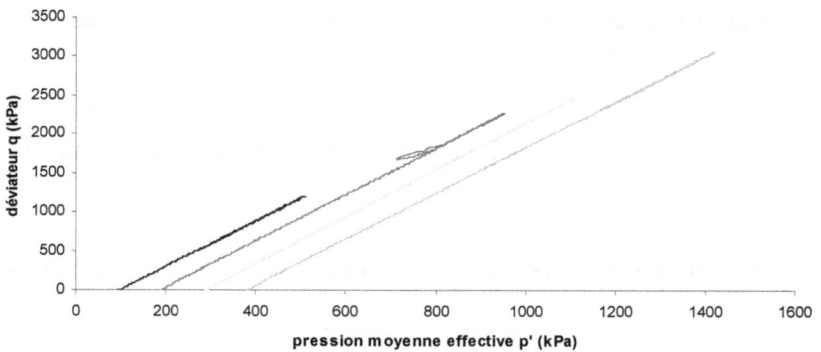

Figure 6.23: Variation du déviateur de contraintes en fonction de la contrainte moyenne pour u= 200 kPa

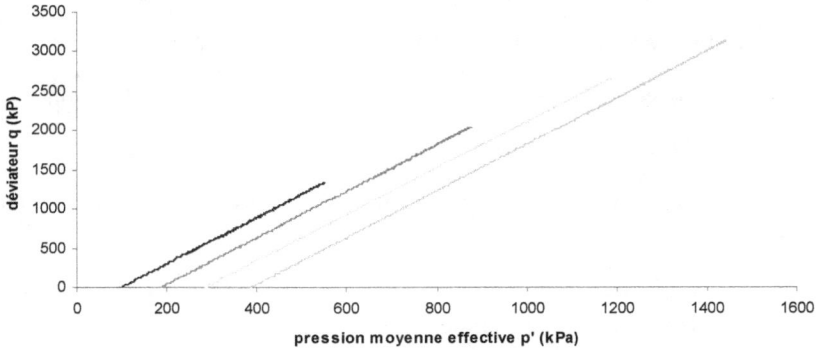

Figure 6.24: Variation du déviateur de contraintes en fonction de la contrainte moyenne pour u= 400 kPa

Les chemins de pressions correspondants sont des droites de pente 1/3 confirmant le comportement drainé des éprouvettes au cours des essais [Meddah A., 2008] (Tableau 6.6).

Tableau 6.6: Valeurs des rapports de pression

Essai	u (kPa)	σ_3 (kPa)	p' (kPa)	$n = \dfrac{q}{p'}$
A1	200	300	100	2.954
A2	200	400	200	2.9702
A3	200	500	300	2.9746
A4	200	600	400	2.9465
A5	200	700	500	2.9232
B1	400	500	100	2.9754
B2	400	600	200	2.9730
B3	400	700	300	2.9611
B4	400	800	400	2.9737

Une propriété intéressante est que la vitesse de déformation volumique s'annule pour la même valeur du rapport de pression $n = \dfrac{q}{p'}$, quelle que soit la compacité initiale. Cela revient à dire que les rapports de pression $n = \dfrac{q}{p'}$, à l'état caractéristique et à l'état critique sont identiques, puisque ces deux états sont caractérisés par un taux de variation volumique nul.

De plus, on peut constater que la courbe enveloppe des résistances maximales (état critique) permet également de définir l'angle de frottement au pic et la cohésion. Cet angle de frottement de pic décroit si la pression moyenne p' croît, cette caractéristique est analogue à celles des sables [Biarew J. et Hicher P. Y., 1990]. La méthode de détermination de l'angle de frottement au pic et de la cohésion est décrite selon la Figure 6.25 et la formule (6-3).

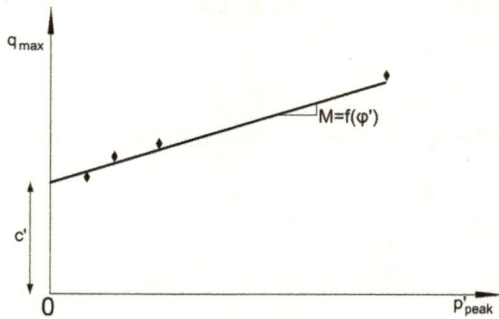

Figure 6.25: Détermination de l'angle de frottement φ et de la cohésion c 'du sol à l'état critique

$$M = \frac{6\sin\varphi}{3 - \sin\varphi} \quad (6\text{-}3)$$

L'ensemble des valeurs obtenues est présenté dans le Tableau 6.7.

Tableau 6.7: Valeurs des caractéristiques de déformation volumique

	M_{pic}	$\varphi'(°)$	c'
Série A	2.2237	57.24	0
Série B	2.4390	54.77	0
Moyenne		54.51	0

Les valeurs obtenues par cette méthode sont similaires avec celles de la détermination dans le plan Lambe.

6.5.4 Évolution des modules de déformation selon la déformation axiale

Dans l'étude du comportement élastique des matériaux, le terme « module de déformation », « module de Young » ou «module d'élasticité » est introduit pour exprimer le rapport entre la contrainte et la déformation. Si le comportement du matériau est élastique linéaire, le module est la pente de la courbe « contrainte - déformation ». Dans le cas contraire, la pente de cette courbe varie au cours du chargement et le module n'est alors plus constant [Nguyen Pham T. T., 2008; Nguyen T. L, 2008].

L'étude de l'évolution des modules de déformation avec le niveau de déformation et l'atteinte de la surface de charge jusqu'à l'écoulement plastique impose une étude complète du comportement des sols sur toute la plage des déformations et donc d'employer plusieurs techniques d'investigation. Actuellement, les modules de déformation déduits des différents essais au laboratoire ou sur site, dépendent des niveaux de déformation (Figure 6.26) [Reiffsteck P., 2002].

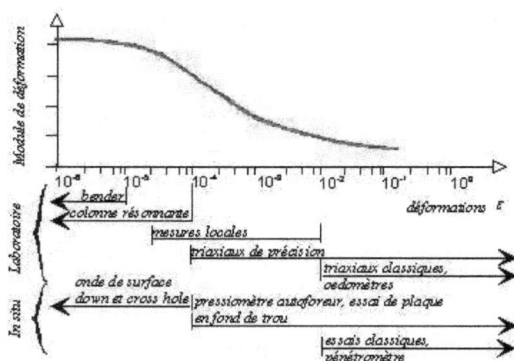

Figure 6.26: Zone explorée par différents essais [Reiffsteck P., 2002]

D'après [Reiffsteck P., 2002], nos essais triaxiaux classiques ne peuvent bien maîtriser que des déformations supérieures à 10^{-2}. Les déformations inférieures à 10^{-2} nécessitent des appareils spéciaux.

Les Figure 6.27 et Figure 6.28 représentent la variation du module de déformation selon la déformation axiale. On s'aperçoit que le module de déformation aux petites déformations est très grand, il tend ensuite vers une valeur constante. Ces résultats montrent également la dépendance du module de déformation avec la pression de confinement effective : plus la pression de confinement effective est grande, plus le module est important.

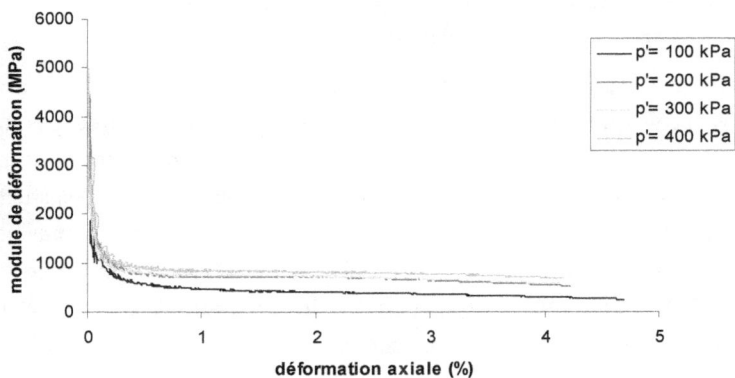

Figure 6.27: Évolution du module de déformation avec la déformation axiale pour u = 200 kPa

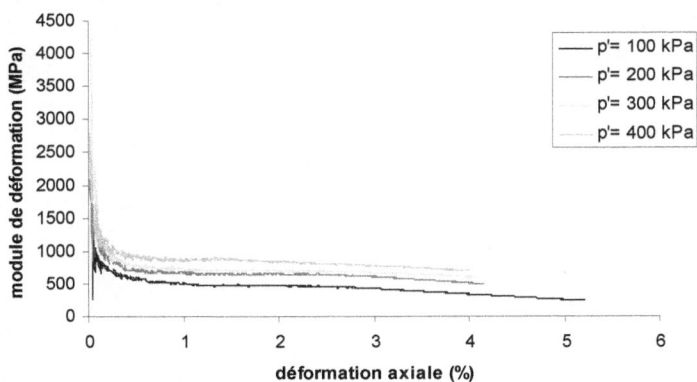

Figure 6.28: Évolution du module de déformation avec la déformation axiale pour u = 400 kPa

6.5.5 Points d'état limite – Apparition de la plasticité et atteinte de la surface de charge

Dans cette partie, on étudie un autre « aspect » du comportement du MIOM, celui qui concerne le domaine plastique. Les points de passage d'un état de comportement élastique à un état de comportement plastique sont les points d'état limite, le seuil de plasticité ou la limite d'élasticité. L'état limite peut donc être défini comme un état où a lieu la transition entre une déformation petite et réversible à une déformation grande et irréversible. L'ensemble des points d'état limite forme dans l'espace des contraintes une surface conventionnellement appelée « surface de charge ».

Il existe plusieurs méthodes expérimentales pour déterminer les points d'état limite. Parmi ces méthodes, nous avons choisi la méthode de Crook et Graham [Crook J. H. A. et Graham J., 1976] en raison de sa simplicité.

Le principe de la détermination des points d'état limite repose sur la cherche d'une perte de linéarité dans les courbes $\left(\varepsilon_v = f(p')\right)$ ou $\left(\varepsilon_d = g(q)\right)$, c'est-à-dire un changement brusque de pente qui met en évidence un changement de comportement du sol [Crook J. H. A. et Graham J., 1976; Graham J. et al. 1983] (Figure 6.29 et Figure 6.30).

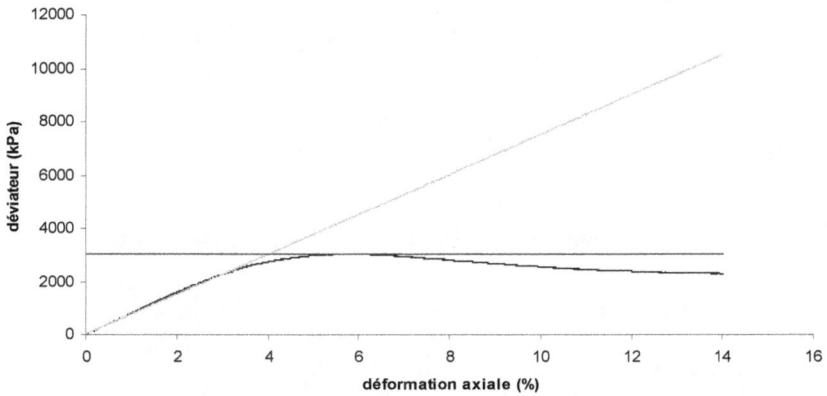

Figure 6.29: Principe d'identification des points d'état limite sur le graphique $q - \varepsilon_1$ **(Essai A4)**

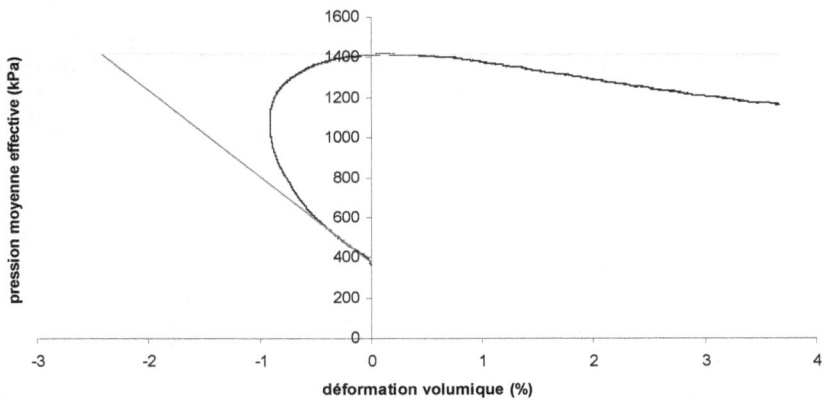

Figure 6.30: Principe d'identification des points d'état limite sur le graphique $p' - \varepsilon_v$ **(Essai A4)**

Nous avons développé une matrice de calcul sous Microsoft Excel visant à caractériser les points où la surface de charge est atteinte, en recherchant les ruptures de pente dans les différents diagrammes $(q-\varepsilon_1, p'-\varepsilon_v)$. Le Tableau 6.8 présente les coordonnées des points d'état limite identifiés à partir des essais triaxiaux des MIOM.

Tableau 6.8: Coordonnés des points d'état limite

Essai	u (kPa)	σ_3 (kPa)	p' (kPa)	Diagramme $(q-\varepsilon_1)$		Diagramme $(p'-\varepsilon_v)$	
				q (kPa)	p'(kPa)	q (kPa)	p'(kPa)
A1	200	300	100	1046	457	1147	456
A2	200	400	200	2249	947	2251	946
A3	200	500	300	2433	1108	2436	1108
A4	200	600	400	3053	1419	3053	1419
B1	400	500	100	1200	505	1200	505
B2	400	600	200	1959	847	1960	847
B3	400	700	300	2642	1177	2645	1177
B4	400	800	400	3138	1441	3134	1441

La Figure 6.31 présente l'ensemble des points d'état limite des essais triaxiaux en compression sur MIOM.

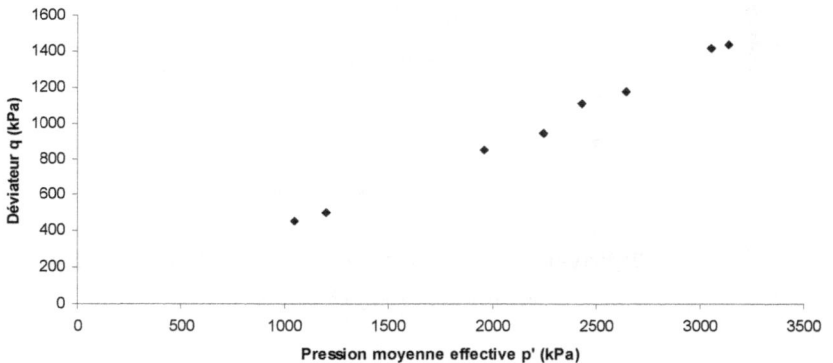

Figure 6.31: Ensemble des points d'état limite

En complétant ces résultats par les points d'état limites des essais triaxiaux en compression ayant de grandes pressions de confinement effectives et des essais triaxiaux en extension (déviateur négatif), on obtient un ensemble de points d'état limite assez large pour représenter de façon assez complète la forme de la surface de charge du MIOM. Nous comparerons les ensembles de points d'état limite (surfaces de charge expérimentale) que nous venons de déterminer avec les surfaces théoriques des modèles rhéologiques. Il est évident que chaque surface de charge n'est comparable qu'avec certains modèles. Selon la géométrie des surfaces, nous allons choisir des modèles adaptés.

La forme de la surface de charge et la loi d'écoulement sont en effet des éléments importants du comportement du sol à proximité des ouvrages de génie civil tels que les parois de soutènement, les fondations ou les tunnels etc.

6.5.6 Discussion

Grâce aux résultats des essais triaxiaux drainés en compression, les caractéristiques de déformation et de résistance d'un MIOM (module de Young, coefficient de Poisson, angle caractéristique, angle de dilatance, cohésion et angle de frottement) sont déterminés. Les valeurs obtenues de ces caractéristiques sont comparables à celles obtenus sur des graves routières (sables). C'est pourquoi ces caractéristiques mécaniques réelles pourront être intégrées dans un schéma de dimensionnement spécifique aux structures de chaussées ou de calculs de stabilité des ouvrages à base de MIOM.

On distingue nettement de l'influence de la pression de confinement effective des essais triaxiaux sur ces caractéristiques. En effet, quand la pression de confinement effective augmente, le coefficient de Poisson ν et l'angle de dilatance ψ sont presque invariables, mais le module de Young E, la résistance de cisaillement et l'angle caractéristique augmentent. En revanche, les caractéristiques de rupture obtenues montrent que l'angle de frottement interne décroît avec les fortes pressions de confinements effectives.

Les chemins de la variation du déviateur avec la pression moyenne effective sont des droites de pente 1/3 confirmant le comportement drainé des éprouvettes au cours des essais. Une propriété intéressante est que la vitesse de déformation volumique s'annule pour la même valeur du rapport de pression $n = \dfrac{q}{p'}$, quelle que soit la compacité initiale. Cela revient à dire que les rapports de pression $n = \dfrac{q}{p'}$, à l'état caractéristique et à l'état critique sont identiques, puisque ces deux états sont caractérisés par un taux de variation volumique nul.

Le module de déformation aux petites déformations est très grand, il tend ensuite vers une valeur constante. Les résultats montrent également la dépendance du module de déformation avec la pression de confinement effective : plus la pression de confinement effective est grande, plus le module est important.

L'analyse des courbes d'évolution des essais triaxiaux et des caractéristiques de déformation et de résistance d'un MIOM montre que les comportements mécaniques sont analogues à ceux des sables denses. Cette remarque couplée avec les résultats des essais géotechniques sur ce type de MIOM permettent de choisir a priori les modèles de comportement élastoplastique avec écrouissage pour modéliser le comportement mécanique des MIOM.

On peut dire que dans les essais drainés des MIOM, leur comportement, ne dépend que de la pression de confinement effective et pas de la pression interstitielle. Il est donc possible de simplifier les simulations des essais triaxiaux drainés des MIOM par la méthode aux éléments finis.

Les points d'état limite sont déterminés selon la méthode de Crook et Graham (1976). L'ensemble des points d'état limite définit la forme de la surface de charge de notre MIOM. Cet ensemble des points d'état limite est une base importante pour déterminer la surface de charge ainsi que la loi d'écoulement de matériau de type « mâchefer ».

6.6 Présentation et discussion des résultats des essais triaxiaux « C » et « D »

6.6.1 Analyse des courbes de cisaillement et de déformation

Deux séries d'essais ont été réalisées avec deux pressions de confinement différentes : la série C avec u = 200 kPa et la série D avec u = 400 kPa. Les courbes de cisaillement (q, ε_1) en Figure 6.32 (u = 200 kPa) et Figure 6.34 (u = 400 kPa) représentent les variations du déviateur de contraintes $q = \sigma_1 - \sigma_3$ en fonction de la déformation axiale ε_1. Les courbes de déformation $(\varepsilon_3, \varepsilon_1)$ en Figure 6.33 (u = 200 kPa) et en Figure 6.35 (u = 400 kPa) représentent les variations de la déformation volumique ε_v en fonction de la déformation axiale ε_1.

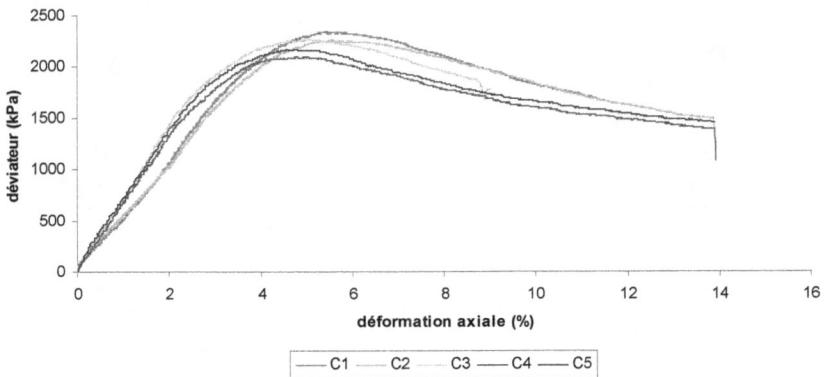

Figure 6.32: Évolution du déviateur de contrainte q pour u = 200 kPa

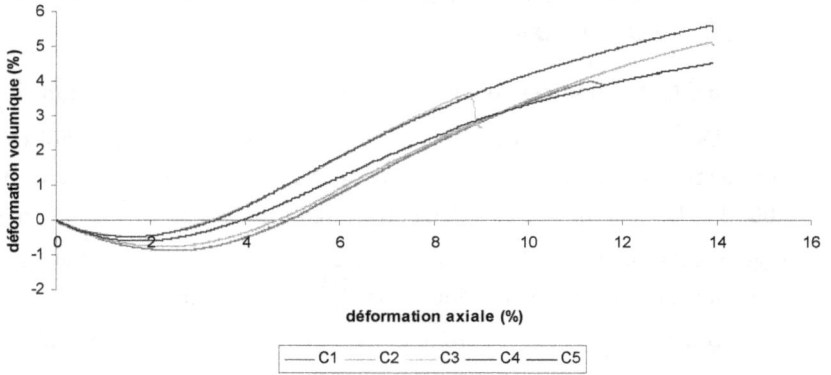

Figure 6.33: Évolution de la déformation volumique pour u = 200 kPa

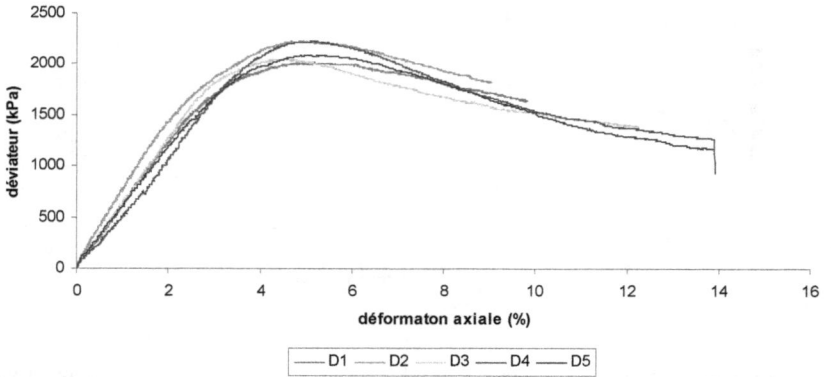

Figure 6.34: Évolution du déviateur de contrainte q pour u = 400 kPa

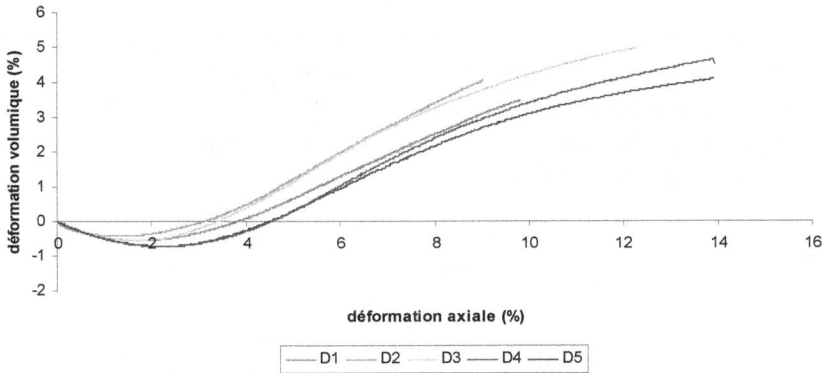

Figure 6.35: Évolution de la déformation volumique pour u = 400 kPa

De l'analyse des courbes des Figure 6.32, Figure 6.33, Figure 6.34 et Figure 6.35, nous pouvons faire les mêmes remarques que pour les courbes des séries « A » et « B ». Les courbes déviatoriques ont la même allure. Elles commencent par une partie presque linéaire aux petites déformations, puis s'infléchissent jusqu'au pic et pour atteindre ensuite un palier. Les courbes d'évolution des déformations volumiques se composent, quant à elles, d'une phase de contractance initiale et d'une phase de dilatance par la suite. Ce sont des phénomènes représentatifs des matériaux granulaires denses (sable dense) [Luong M. P., 1980; Prat M., 1995; Evesque P., 2000].

Nous pouvons voir que les courbes déviatoriques ainsi que les courbes d'évolution des déformations volumiques sont relativement homogènes. Par exemple, la valeur de la contrainte déviatorique maximale est comprise entre 2 et 2.4 MPa et correspond à une déformation axiale comprise entre 4 et 6 %, soit pour les essais de type « C » et « D ». Cette première observation indiquerait que la vitesse de chargement de l'essai triaxial n'a aucune influence sur le comportement mécanique de nos MIOM. Cette propriété est caractéristique des sols pulvérulents [Magnan J. P. et Mestat P., 1997].

Après avoir présenté les résultats de l'évolution du déviateur et de la déformation volumique à différentes vitesses de chargement, nous allons maintenant comparer ces mêmes évolutions à différentes pressions de confinement effectives (200 kPa et 400 kPa) (Figure 6.36, Figure 6.37, Figure 6.38, Figure 6.39, Figure 6.40, Figure 6.41, Figure 6.42, Figure 6.43, Figure 6.44 et Figure 6.45).

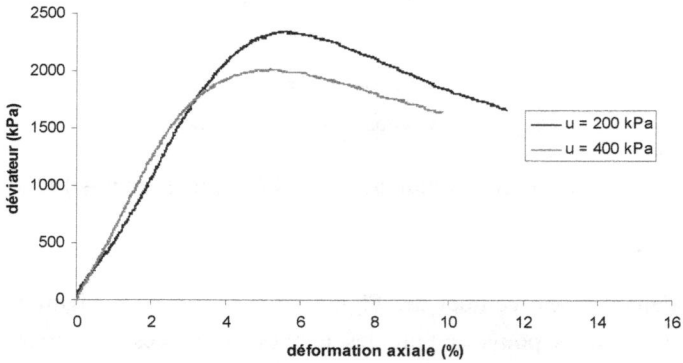

Figure 6.36: Évolution du déviateur de contrainte q pour une vitesse de 0,009 mm/min

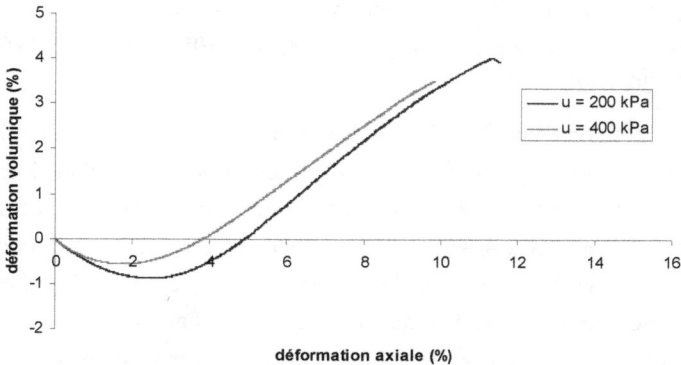

Figure 6.37: Évolution de la déformation volumique pour une vitesse de 0,009 mm/min

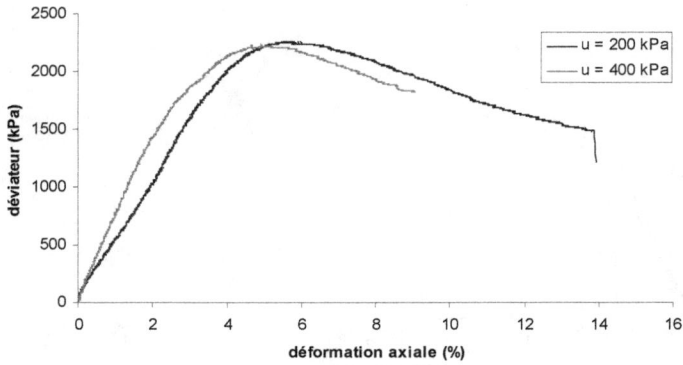

Figure 6.38: Évolution du déviateur de contrainte q pour une vitesse de 0,018 mm/min

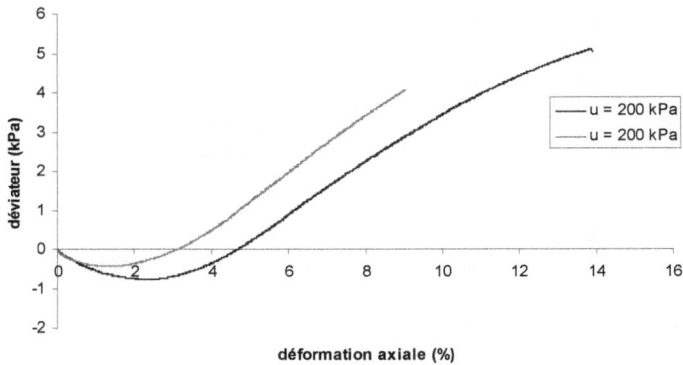

Figure 6.39: Évolution de la déformation volumique pour une vitesse de 0,018 mm/min

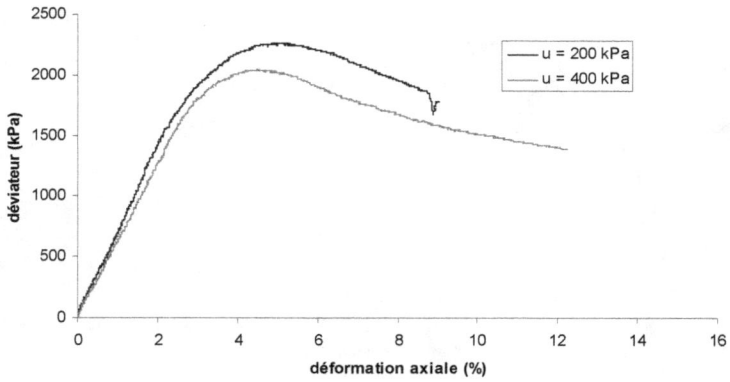

Figure 6.40: Évolution du déviateur de contrainte q pour une vitesse de 0,036 mm/min

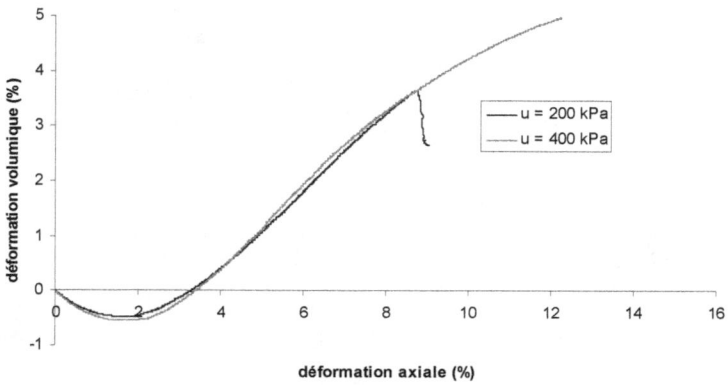

Figure 6.41: Évolution de la déformation volumique pour une vitesse de 0,036 mm/min

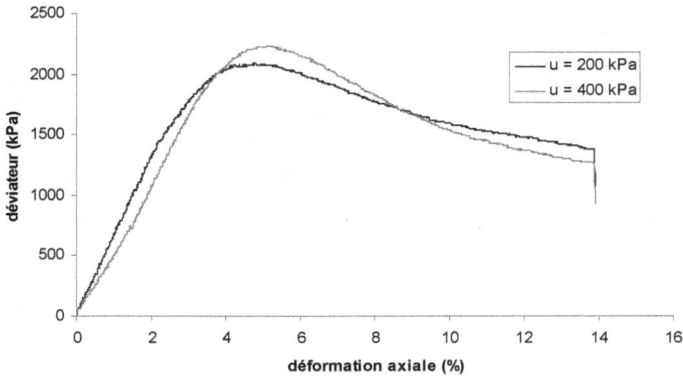

Figure 6.42: Évolution du déviateur de contrainte q pour une vitesse de 0,072 mm/min

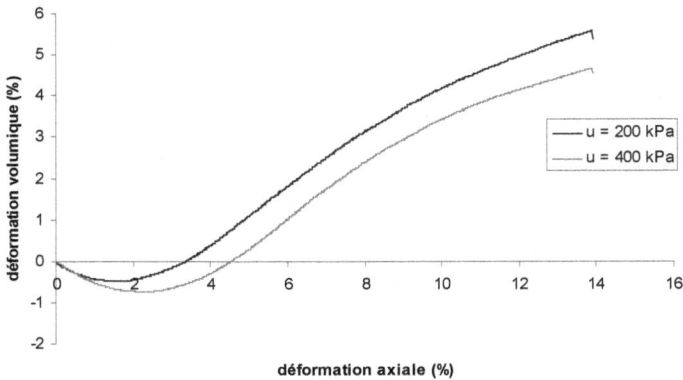

Figure 6.43: Évolution de la déformation volumique pour une vitesse de 0,072 mm/min

191

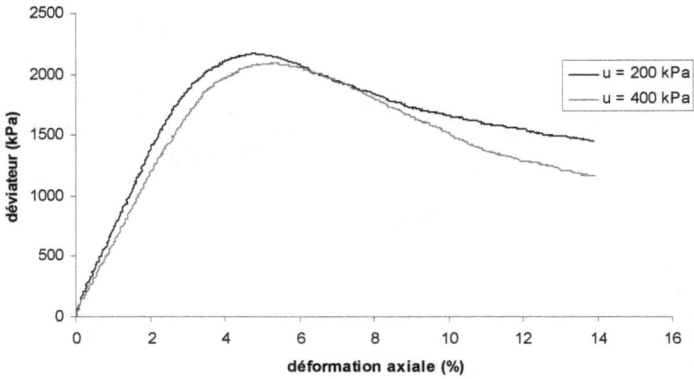

Figure 6.44: Évolution du déviateur de contrainte q pour une vitesse de 0,144 mm/min

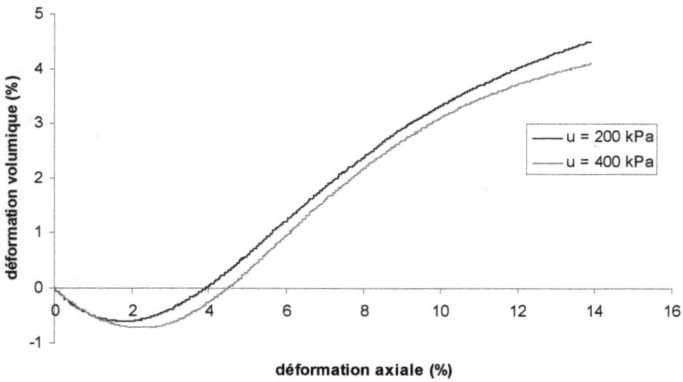

Figure 6.45: Évolution de la déformation volumique pour une vitesse de 0,144 mm/min

Les graphiques comparatifs entre les essais de même pression de confinement effective montrent encore une fois que dans les essais drainés des MIOM, le comportement du MIOM ne dépend que de la pression de confinement effective et pas de la pression interstitielle. Cette remarque est encore vraie quand on change la vitesse de chargement de l'essai. Ce résultat est important car il permet de simplifier les simulations des essais triaxiaux drainés des MIOM par des logiciels basés sur la méthode des éléments finis.

6.6.2 Détermination des caractéristiques de matériau

De la même manière, on peut calculer les caractéristiques mécaniques du MIOM dont les valeurs sont reportées dans le Tableau 6.9.

Tableau 6.9: Valeurs de caractéristiques mécaniques de notre MIOM

Essai	Vitesse de chargement (mm/min)	Caractéristiques élastiques				Déformations volumiques	
		q_{max} (kPa)	$E_{0,2}$ (MPa)	E_{50} (MPa)	ν	φ_c (°)	ψ (°)
C1	0,009	2341	80.53	53.48	0.2065	18.00	12.96
C2	0,018	2259	82.25	50.74	0.1742	16.59	13.02
C3	0,036	2262	83.02	70.01	0.2350	15.29	13.28
C4	0,072	2099	80.26	66.11	0.2256	14.37	13.47
C5	0,144	2174	85.52	68.17	0.1907	16.78	12.36
Moyenne		2227	83.32	61.70	0.2064	16.21	13.02
D1	0,009	2019	78.86	62.30	0.2133	16.23	12.18
D2	0,018	2235	82.49	75.73	0.1937	14.58	11.91
D3	0,036	2048	78.89	63.56	0.2240	18.09	14.83
D4	0,072	2232	76.17	52.90	0.2054	16.30	13.69
D5	0,144	2029	77.46	59.95	0.2261	15.79	13.60
Moyenne		2113	78.77	62.89	0.2125	16.20	13.24

L'analyse des résultats rassemblés dans le Tableau 6.9 montre que les valeurs des différents paramètres sont relativement homogènes. La valeur du module de Young E50 est comprise entre 50 et 75 MPa et les valeurs moyennes de ce paramètre pour la série « C » et la série « D » sont respectivement 61.70 MPa et 62.89 MPa. Elles sont similaires à ceux des sables denses [Prat M., 1995; Mestat P., 2000]. Une remarque similaire peut être faite sur d'autres paramètres dont les valeurs sont relativement proches. En outre, il est difficile de voir une vraie tendance dans les résultats. Par exemple, le déviateur maximal varie entre 2 et 2.4 MPa mais ne montre aucune évolution monotone entre ces deux bornes.

6.6.3 Détermination de la cohésion c et l'angle de frottement φ

Ici, on calcule l'angle de frottement au pic et la cohésion au moyen du coefficient M défini par l'équation 6-3. Le Tableau 6.10 présente les valeurs de l'angle de frottement au pic.

Tableau 6.10: Valeurs de l'angle de frottement au pic

	Mpic	φ'	c'
Série C	2.3795	58.45	0
Série D	2.3658	58.07	0
Moyenne		58.26	0

L'angle de frottement moyen au du pic que nous avons trouvé pour nos MIOM est φ_{pic} = 58.26°. Cette valeur élevée est similaire à celle obtenue dans la partie précédente. La valeur élevée de l'angle de frottement se justifie par fait que le matériau granulaire est composé de grains anguleux bien gradués [Prat M., 1995]. L'ordre de grandeur de l'angle de frottement obtenu est comparable aux angles de frottement obtenus sur des graves routières [Magnan J. P., 1991; Hornych P. et al, 1998].

6.6.4 Discussions

Les résultats de cette partie couplés à ceux issus des essais œdométriques soulignent que le MIOM présente un comportement typique des matériaux pulvérulents car il n'y a pas d'influence notable de la vitesse de chargement sur son comportement. Cette propriété implique que nous pouvons consolider ce MIOM rapidement après son installation sur site et il peut donc être utilisé comme grave routière ou dans une sous-couche de fondation superficielle. On en déduit également que le MIOM a une viscosité négligeable et que l'effet du vieillissement est également négligeable [Magnan J. P. et Mestat P., 1997]. Ces propriétés aident à choisir les modèles de comportement élastoplastique avec écrouissage adapté aux sables (Nova et Vermeer). Pour ces deux modèles, les effets visqueux sont négligés.

En réalité, la vitesse de chargement choisi ne doit pas engendrer de surpressions interstitielles au cours de l'essai triaxial pour des MIOM, du début à la fin de l'essai. Cependant il n'y a pas encore de recommandations disponibles qui abordent concrètement sur ce problème. Après quelques séries d'essais préliminaires, la gamme de vitesse de chargement de 0.009 mm/min à 0.144 mm/min (16 fois) a semblé être un bon compromis. On pourrait choisir d'autres vitesses de chargement, mais il faut assurer préalablement que celles-ci n'induiront pas de surpressions interstitielles. Une vitesse suffisamment lente (mais assez rapide pour cisailler l'échantillon jusqu'au palier d'écoulement) permettra un meilleur équilibre des pressions au cours de l'essai.

6.7 Conclusions

L'analyse des courbes d'évolution des essais triaxiaux montre que les comportements mécaniques sont analogues à ceux des sables denses. Puis, les valeurs obtenues des caractéristiques de déformation et de résistance (module de Young, coefficient de Poisson, angle caractéristique, angle de dilatance, cohésion et angle de frottement) sont comparables à celles obtenus sur des graves routières (sables). Ces caractéristiques mécaniques réelles pourront être intégrées dans un schéma de dimensionnement spécifique aux structures de chaussées ou de calculs de stabilité des ouvrages à base de MIOM. D'ailleurs, l'indépendance de la vitesse de chargement sur le comportement des MIOM présente un comportement typique des matériaux pulvérulents. Ces remarques couplées avec les résultats des essais géotechniques sur ce type de MIOM permettent de choisir a priori les modèles de comportement élastoplastique avec écrouissage pour modéliser le comportement mécanique des MIOM.

Quand la pression de confinement effective augmente, le coefficient de Poisson ν et l'angle de dilatance ψ sont presque invariables, mais le module de Young E, la résistance de cisaillement et l'angle caractéristique augmentent. En revanche, les caractéristiques de rupture obtenues montrent que l'angle de frottement interne décroît avec les fortes pressions de confinements effectives.

Les chemins de la variation du déviateur avec la pression moyenne effective sont des droites de pente 1/3 confirmant le comportement drainé des éprouvettes au cours des essais. Une propriété intéressante est que la vitesse de déformation volumique s'annule pour la même valeur du rapport de pression $n = \dfrac{q}{p'}$, quelle que soit la compacité initiale. Cela revient à dire que les rapports de pression $n = \dfrac{q}{p'}$, à l'état caractéristique et à l'état critique sont identiques, puisque ces deux états sont caractérisés par un taux de variation volumique nul.

Le module de déformation aux petites déformations est très grand, il tend ensuite vers une valeur constante. Les résultats montrent également la dépendance du module de déformation avec la pression de confinement effective : plus la pression de confinement effective est grande, plus le module est important.

On peut dire que dans les essais drainés des MIOM, leur comportement, ne dépend que de la pression de confinement effective et pas de la pression interstitielle. Il est donc possible de simplifier les simulations des essais triaxiaux drainés des MIOM par la méthode aux éléments finis.

Les points d'état limite sont déterminés selon la méthode de Crook et Graham (1976). L'ensemble des points d'état limite définit la forme de la surface de charge de notre MIOM. Cet ensemble des points d'état limite est une base importante pour déterminer la surface de charge ainsi que la loi d'écoulement de matériau de type « mâchefer ».

L'indépendance de la vitesse de chargement sur le comportement des MIOM implique que nous pouvons consolider ce MIOM rapidement après son installation sur site et il peut donc être utilisé comme grave routière ou dans une sous-couche de fondation superficielle. On en déduit également que le MIOM a une viscosité négligeable et que l'effet du vieillissement est également négligeable [Magnan J. P. et Mestat P., 1997]. Ces propriétés aident à choisir les modèles de comportement élastoplastique avec écrouissage adapté aux sables (Nova et Vermeer). Pour ces deux modèles, les effets visqueux sont négligés. En réalité, la vitesse de chargement choisi ne doit pas engendrer de surpressions interstitielles au cours de l'essai triaxial pour des MIOM, du début à la fin de l'essai. Cependant il n'y a pas encore de recommandations disponibles qui abordent concrètement sur ce problème. Après quelques séries d'essais préliminaires, la gamme de vitesse de chargement de 0.009 mm/min à 0.144 mm/min (16 fois plus grand) a semblé être un bon compromis. On pourrait choisir d'autres vitesses de chargement, mais il faut assurer préalablement que celles-ci n'induiront pas de surpressions interstitielles. Une vitesse suffisamment lente (mais assez rapide pour cisailler l'échantillon jusqu'au palier d'écoulement) permettra un meilleur équilibre des pressions au cours de l'essai.

Partie III
Modélisation numérique

Chapitre 7
Modélisation du comportement des mâchefers avec la loi de Mohr - Coulomb

7.1 Généralité

Pour caractériser le comportement d'un sol, plusieurs formulations mathématiques ont été proposées. Ces formulations, basées sur une représentation entre les accroissements des contraintes et les accroissements des déformations, sont effectuées dans le cadre de la mécanique des milieux continus et s'appuient sur des données expérimentales acquises à partir d'essais usuels de laboratoire. Sur la base des analyses du chapitre 2 et des résultats de caractérisation expérimentale, les modèles de Mohr-Coulomb, de Nova et de Vermeer sont choisis pour caractériser l'évolution de notre matériau « mâchefer » sous l'effet d'actions mécaniques extérieures. Ce sont des exemples types de modèles de comportement des sables complètement identifiable au moyen d'essais triaxiaux classiques [Meddah A., 2008].

Ce chapitre a pour objet de valider le modèle de Mohr-Coulomb à partir des données expérimentales sur le MIOM au moyen d'essais triaxiaux de cisaillement drainés. Dans ce chapitre, on utilise les résultats des essais triaxiaux au chapitre 6 (partie II). En fait, le modèle de Mohr-Coulomb appartient à la famille des modèles élastoplastiques parfaits. Il est le plus utilisé dans la pratique en ingénierie pour décrire de manière approchée le comportement des sols pulvérulents (sable et gravier) et le comportement drainé, à long terme des sols fins saturés (limon et argile). En fait, on utilise la loi de comportement de Mohr-Coulomb ne connaissant pas très bien les caractéristiques des MIOM; cependant l'erreur, commise en considérant cette loi n'est pas du même ordre que celle introduite par la méconnaissance des MIOM et de leur état initial pour un tel calcul [Mestat P., 1992].

7.2 Détermination des paramètres mécaniques

La loi de comportement de Mohr-Coulomb comprend 5 paramètres : E, ν, c, φ, ψ. La Figure 7.1 représente graphiquement la loi de comportement de Mohr-Coulomb avec ses paramètres :

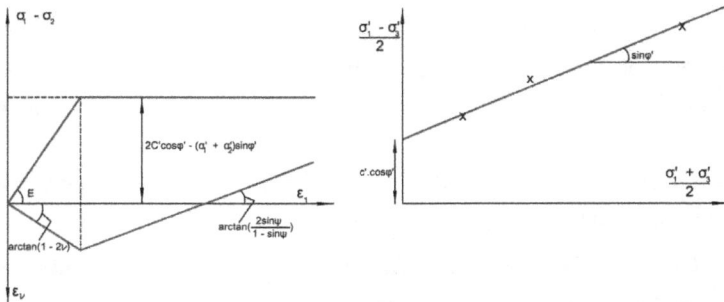

Figure 7.1: Loi de comportement élastique et parfaitement plastique de Mohr-Coulomb

La méthode de calcul des paramètres E, ν, c, φ, ψ de la loi de Mohr-Coulomb est présentée au chapitre 6. Le Tableau 7.1 représente les valeurs obtenues des paramètres de la loi de Mohr-Coulomb à partir des séries d'essais triaxiaux A et B au chapitre 6.

Tableau 7.1: Valeurs des paramètres de la loi de Mohr-Coulomb

Essai	u (kPa)	p' (kPa)	σ_3 (kPa)	E_{50} (MPa)	ν	ψ (°)	φ' (°)	c'
A1	200	100	300	42.56	0.198	11.36	54.53	0
A2	200	200	400	70.01	0.235	13.28	54.53	0
A3	200	300	500	73.22	0.206	11.01	54.53	0
A4	200	400	600	79.82	0.197	12.46	54.53	0
B1	400	100	500	48.71	0.217	14.79	54.53	0
B2	400	200	600	63.56	0.224	14.83	54.53	0
B3	400	300	700	69.51	0.212	12.11	54.53	0
B4	400	400	800	81.90	0.18	11.01	54.53	0

7.3 Outil numérique utilisé

Nous avons identifié plusieurs modèles (Mohr-Coulomb, Nova et Vermeer) qui constituent des candidats pour la modélisation du comportement mécanique des MIOM. Ces modèles ont été introduits dans le progiciel de CESAR-LCPC [CESAR-LCPC, 1989; CESAR-LCPC, 2002a]. Dans cette étude, le progiciel de CESAR-LCPC a été employé pour simuler les essais triaxiaux.

CESAR-LCPC est un code de calcul très général fondé sur la méthode des éléments finis, et disposant de ses propres fonctionnalités de pré- et post-traitement. Son caractère de code de calcul généraliste permet d'utiliser CESAR-LCPC dans un grand nombre de problèmes (mécanique, diffusion, problèmes couplés), ses principaux domaines d'applications sont toutefois liés au Génie Civil et à l'environnement (calcul par phases de construction, hydrogéologie, thermique, mécanique des sols et des roches, calcul de structures, etc.) [CESAR-LCPC, 2005].

Parmi les modules de calcul de CESAR-LCPC, le module MCNL a été choisi pour modéliser l'essai triaxial. Le module MCNL permet de résoudre les problèmes de comportement en mécanique non linéaire (élastoplasticité avec écrouissage, élasticité non linéaire) pour les géomatériaux (sols, bétons, roches, corps de chaussée) [CESAR-LCPC, 2002b; CESAR-LCPC, 2002c]. Le comportement élastoplastique avec écrouissage des MIOM ainsi que l'indépendance de comportement des MIOM vis-à-vis de la pression interstitielle dans des essais triaxiaux motivent le choix du module de calcul MCNL. Cet outil comporte les modèles de comportement sélectionnés (Mohr-Coulomb, Nova et Vermeer) et ne permet pas de prendre en compte la pression interstitielle ce qui la modélisation de l'essai triaxial.

7.4 Simulation de l'essai triaxial drainé

Le modèle géométrique de calcul est constitué d'une éprouvette cylindrique (117.5 mm de hauteur et de diamètre 101.5 mm), dont uniquement le quart est modélisé en raison des symétries (Figure 7.2).

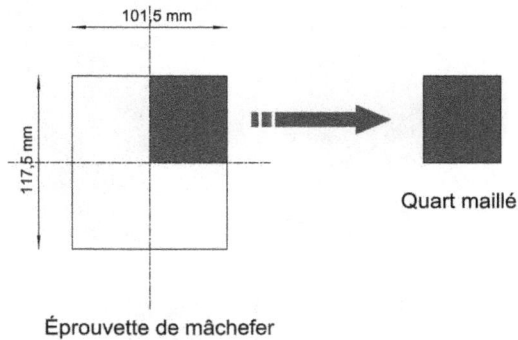

Figure 7.2: Modèle géométrique de calcul

Le maillage très simple est constitué d'un élément quadratique à 8 nœuds, référencé MBQ8. Sous le système de sollicitations appliquées d'un essai triaxial, les champs de déformations et de contraintes dans le milieu étudié sont suffisamment homogènes pour être assimilés en tout point à un tenseur de contrainte unique et à un tenseur de déformations unique, indépendants du point considéré. C'est la raison pour laquelle on ne modélise que l'éprouvette par un élément.

Dans toutes les simulations, le déplacement horizontal du bord gauche du maillage (qui coïncide avec l'axe de symétrie de révolution) est nul ; on impose aussi un déplacement vertical nul à la base du maillage (Figure 7.3). On applique ensuite sur le bord supérieur et sur le bord droit deux pressions uniformes : la pression de confinement effective.

Figure 7.3: Maillage du modèle et conditions aux limites

Le chargement du modèle est effectué en deux phases successives : une phase de mise en confinement par application d'une contrainte isotrope ; une phase de cisaillement par application une vitesse de déplacement axial constant. Pour décrire le palier de plasticité (loi de Mohr-Coulomb), la simulation de la phrase de cisaillement est réalisée en déplacements imposés [Mestat P. et Humbert P., 2001] (Figure 7.4).

Figure 7.4: Procédure de chargement du modèle

7.5 Présentation des résultats des calculs et discussion

Les Figure 7.5 à 7.20 présentent les résultats de simulation de l'essai triaxial drainé de deux séries « A » et « B ».

La comparaison entre l'expérimental et la simulation montre que le modèle de Mohr-Coulomb reproduit qualitativement le comportement expérimental obtenu, mais pas d'une manière excellente. Des différences certaines sont établies quantitativement, en termes de module d'élasticité initial, de résistance au cisaillement et de contractance / dilatance.

Pour les courbes d'évolution du déviateur, la loi de Mohr-Coulomb n'a pas été possible de simuler la concavité observée expérimentalement. Pour les essais qui ont une petite pression de confinement effective p' = 100 kPa et 200 kPa (essais A1, B1, A2, B2), les simulations conduisent à sous-estimer la valeur du déviateur à la rupture. Pour les essais qui ont une moyenne pression de confinement effective p' = 300 kPa et 400 kPa (essais A3, A4, B4, sauf B3), les simulations conduisent à surestimer la valeur du déviateur à la rupture.

Les résultats expérimentaux et simulations divergent assez largement quand il s'agit des évolutions de volume ε_v. En effet, les simulations indiquent que la loi Mohr-Coulomb surestime largement la dilatance sous cisaillement comme les résultats expérimentaux.

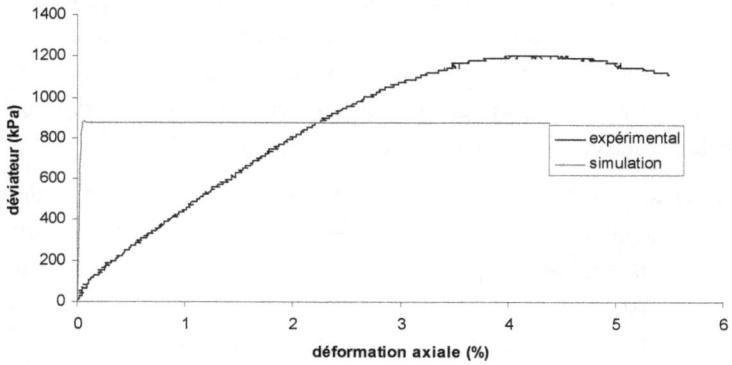

Figure 7.5: Simulation de l'essai triaxial drainé A1 : Évolution du déviateur

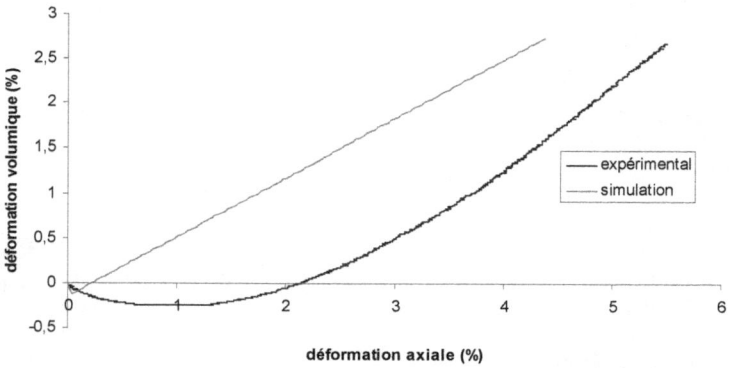

Figure 7.6: Simulation de l'essai triaxial drainé A1 : Évolution de la déformation volumique

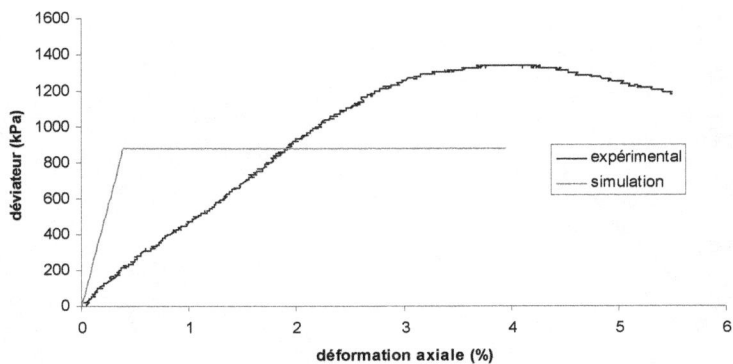

Figure 7.7: Simulation de l'essai triaxial drainé B1 : Évolution du déviateur

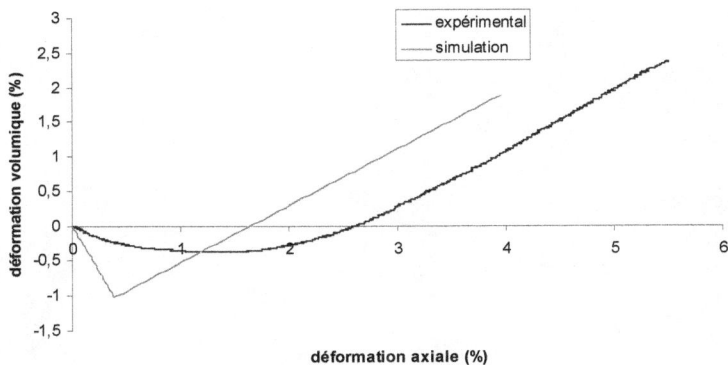

Figure 7.8: Simulation de l'essai triaxial drainé B1 : Évolution de la déformation volumique

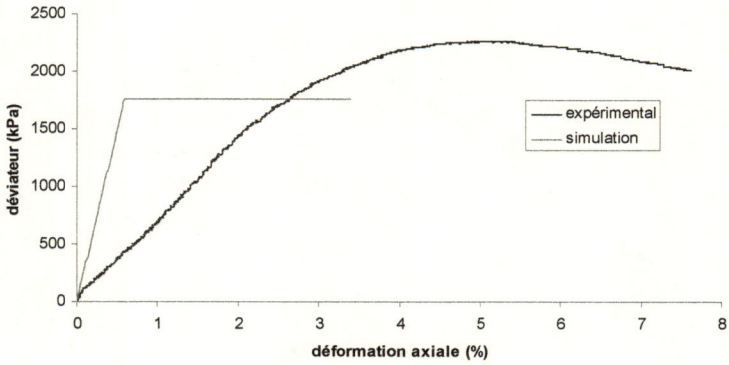

Figure 7.9: Simulation de l'essai triaxial drainé A2 : Évolution du déviateur

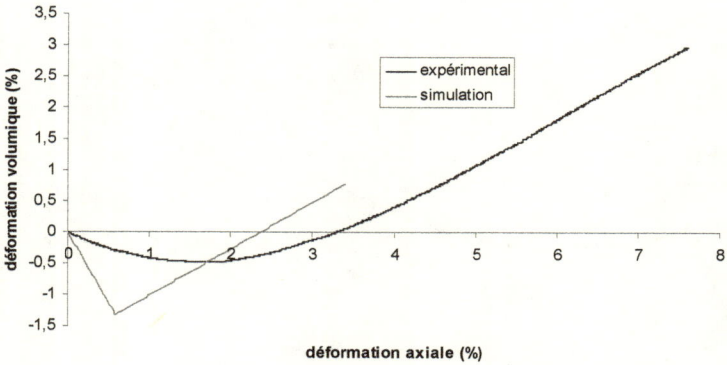

Figure 7.10: Simulation de l'essai triaxial drainé A2 : Évolution de la déformation volumique

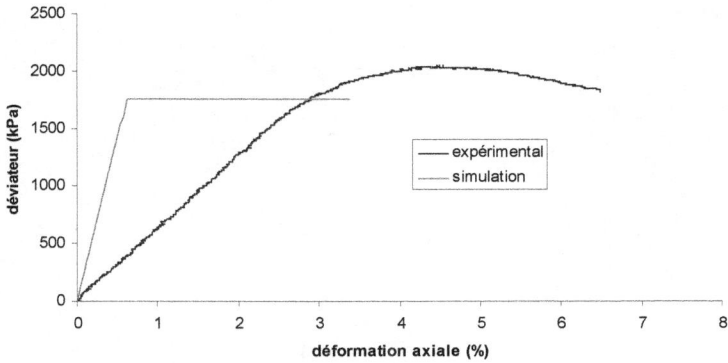

Figure 7.11: Simulation de l'essai triaxial drainé B2 : Évolution du déviateur

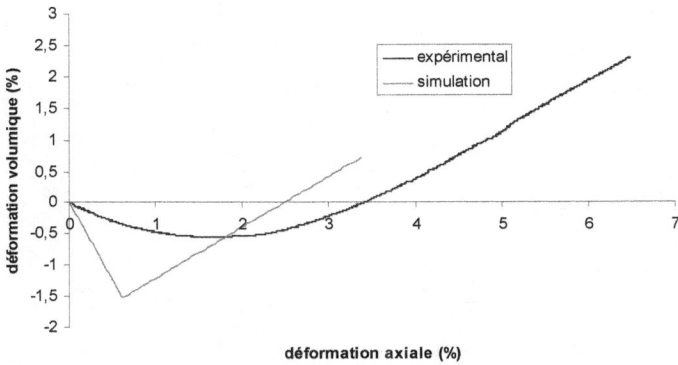

Figure 7.12: Simulation de l'essai triaxial drainé B2 : Évolution de la déformation volumique

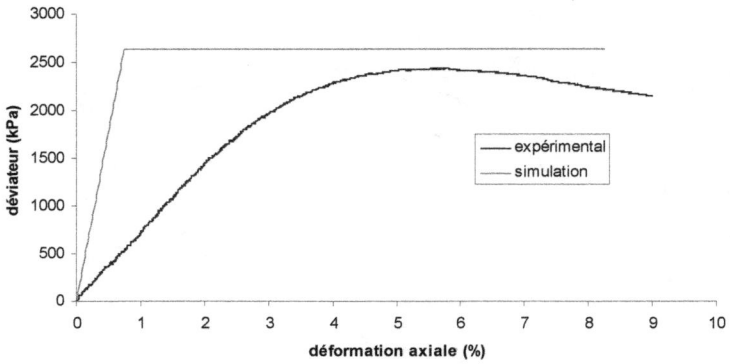

Figure 7.13: Simulation de l'essai triaxial drainé A3 : Évolution du déviateur

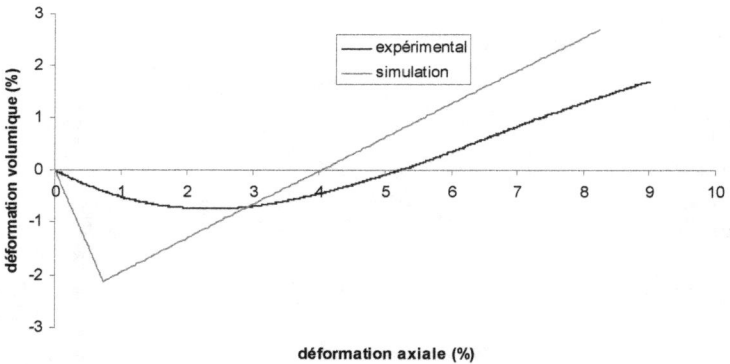

Figure 7.14: Simulation de l'essai triaxial drainé A3 : Évolution de la déformation volumique

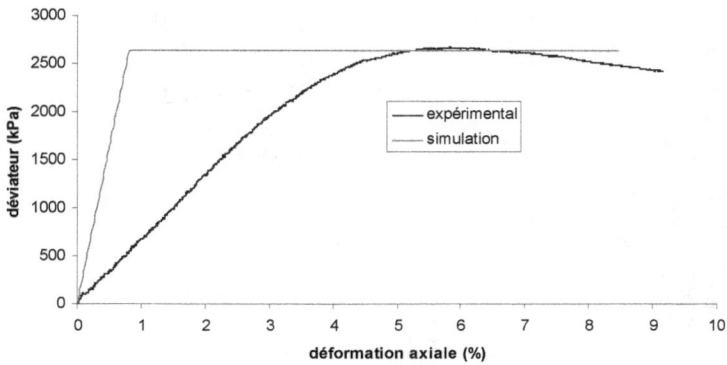

Figure 7.15: Simulation de l'essai triaxial drainé B3 : Évolution du déviateur

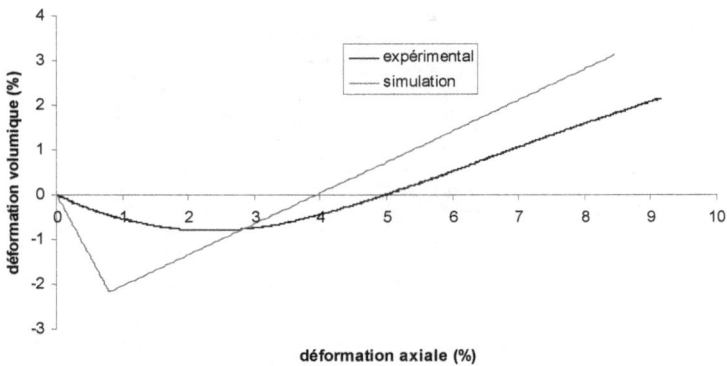

Figure 7.16: Simulation de l'essai triaxial drainé B3 : Évolution de la déformation volumique

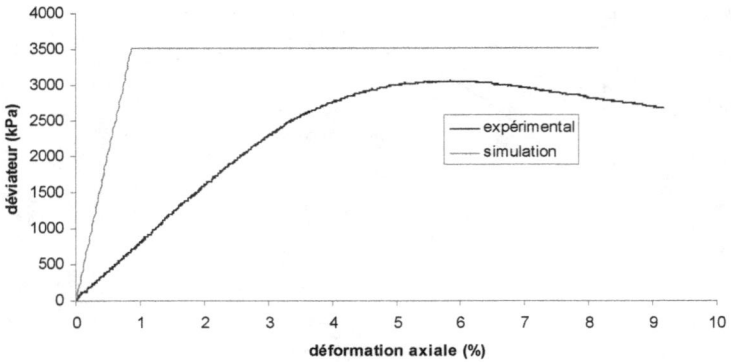

Figure 7.17: Simulation de l'essai triaxial drainé A4 : Évolution du déviateur

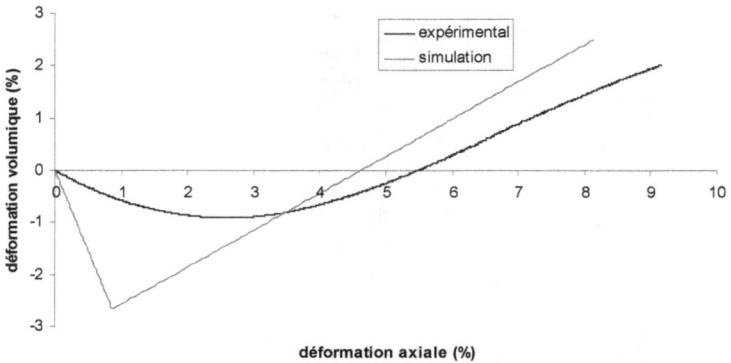

Figure 7.18: Simulation de l'essai triaxial drainé A4 : Évolution de la déformation volumique

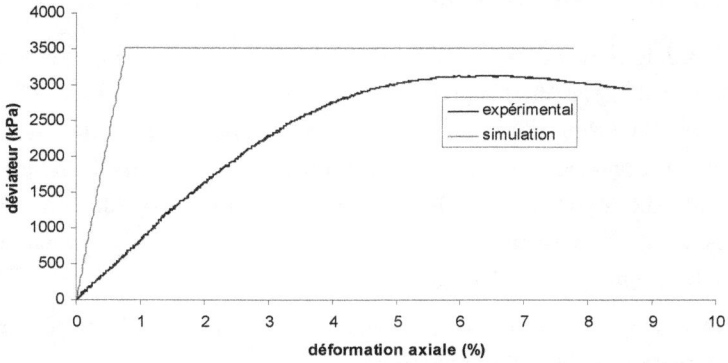

Figure 7.19: Simulation de l'essai triaxial drainé B4 : Évolution du déviateur

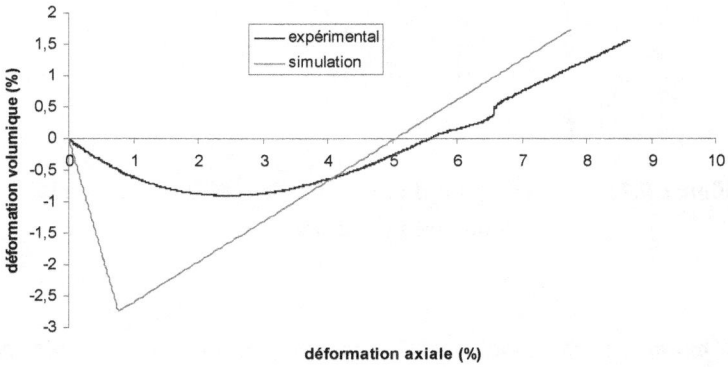

Figure 7.20: Simulation de l'essai triaxial drainé B4 : Évolution de la déformation volumique

7.6 Optimisation des paramètres du modèle Mohr-Coulomb

Selon le principe de base du modèle Mohr-Coulomb, en un point du massif de sol, l'état du matériau est soit élastique soit plastique. Cette distinction peut être mise en évidence en analysant l'évolution de la déformation axiale ou celle de la déformation volumique. Nous donnons ci-dessous deux options qui font apparaître deux jeux de données correspondant à des interprétations différentes des représentations graphiques (Figure 7.21 et Figure 7.22).

Option 1 : transition état élastique – état plastique assurée par l'évolution de la déformation volumique

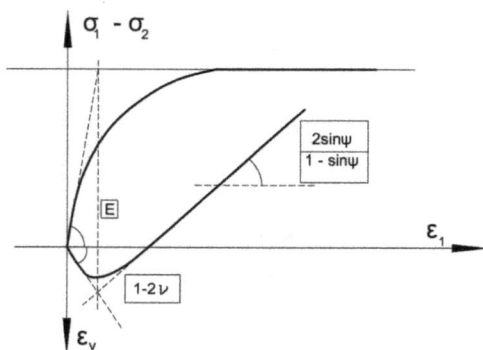

Figure 7.21: Analyse l'état du matériau selon l'évolution de la déformation volumique

Option 2 : transition état élastique – état plastique assurée par l'évolution de la contrainte axiale : coefficient de Poisson adapté afin de respecter la valeur de déformation volumique maximale

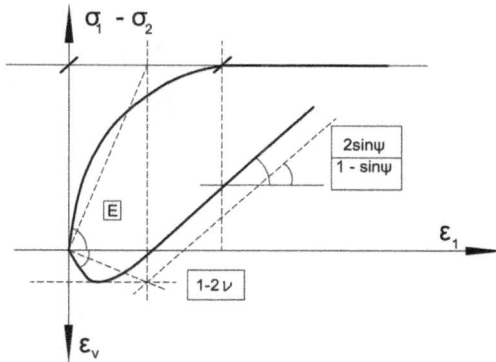

Figure 7.22: Analyse l'état du matériau selon l'évolution de la contrainte axiale et la valeur de déformation volumique maximale

. Nous avons choisi deux essais A2 et B3 pour faire l'optimisation. Le Tableau 7.2 présente les paramètres obtenus selon les deux options.

Tableau 7.2: Jeux de données correspondant à deux options

Essai	Jeu	u (kPa)	p' (kPa)	σ_3 (kPa)	E_{50} (MPa)	v	ψ (°)	φ' (°)	c'
A2	Original	200	200	400	70.01	0.235	13.28	54.53	0
	Jeu 1	200	200	400	131.29	0.235	13.28	54.53	0
	Jeu 2	200	200	400	70.01	0.094	13.28	54.53	0
B3	Original	400	300	700	69.51	0.212	12.11	54.53	0
	Jeu 1	400	300	700	111.10	0.212	12.11	54.53	0
	Jeu 2	400	300	700	69.51	0.138	12.11	54.53	0

Les Figure 7.23, Figure 7.24, Figure 7.25 et Figure 7.26, montrent qu'avec l'optimisation des paramètres du modèle Mohr-Coulomb, au niveau de l'évolution du déviateur, la différence entre le résultat de la simulation des paramètres « originaux » et des paramètres « jeu 1 » et « jeu 2 » n'est pas importante. Alors que, la simulation avec les paramètres « jeu 1 » est plus proche des résultats expérimentaux au niveau de la déformation volumique maximale.

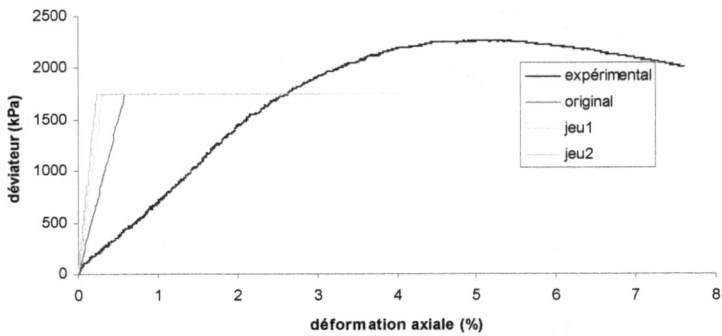

Figure 7.23: Simulation de l'essai triaxial drainé A2 selon les jeux 1 et 2 : Évolution du déviateur

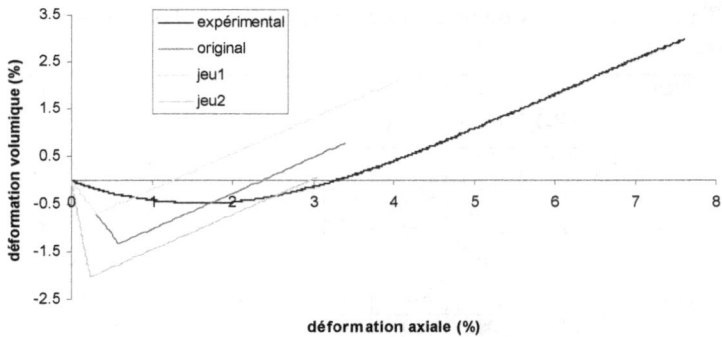

Figure 7.24: Simulation de l'essai triaxial drainé A2 selon les jeux 1 et 2: Évolution de la déformation volumique

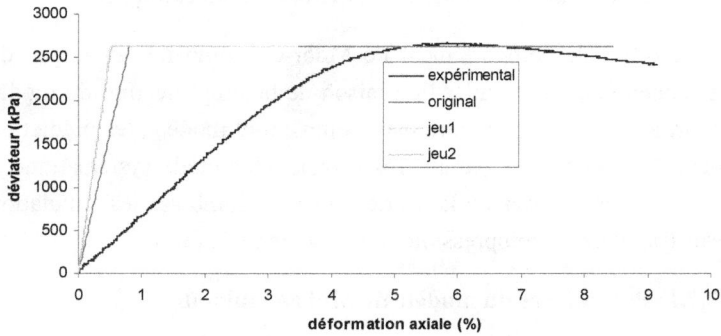

Figure 7.25: Simulation de l'essai triaxial drainé B3 selon les jeux 1 et 2 : Évolution du déviateur

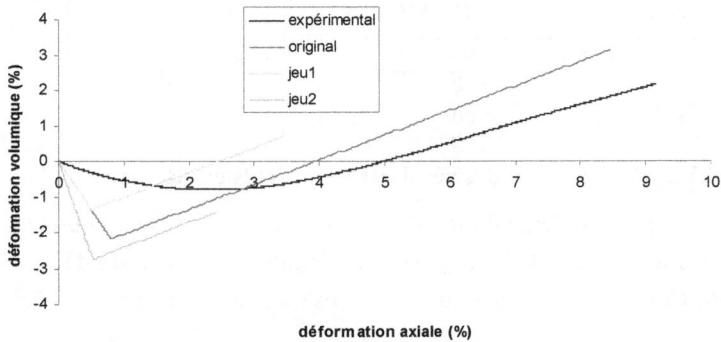

Figure 7.26: Simulation de l'essai triaxial drainé B3 selon les jeux 1 et 2: Évolution de la déformation volumique

7.7   Analyse de sensibilité aux paramètres mécaniques

Le modèle de comportement de Mohr-Coulomb ne donne pas des résultats concordant en premier lieu raison de la simplification du modèle par rapport au cas étudié. D'autre part, comme tout modèle, les prédictions dépendent des valeurs des paramètres choisis. Une étude systématique de l'influence des paramètres de la loi de Mohr-Coulomb sur les simulations des essais triaxiaux de compression drainés a été réalisée.

7.7.1 Paramètres du modèle de Mohr-Coulomb

Dans cette analyse, on fait varier chaque paramètre de ±25 % tout en gardant les autres paramètres constants afin d'analyser la sensibilité de la loi à la méthode de détermination de leurs paramètres mécaniques. Les valeurs des paramètres retenues sont regroupées dans le Tableau 7.3.

Tableau 7.3: Valeurs des paramètres de la loi Mohr-Coulomb retenues pour l'étude paramétrique

Paramètre	E_{50} (MPa)	v	ψ (°)	φ' (°)	c'
Valeur de référence	65	0.20	12.5	55	0
-25 %	50	0.15	9.5	50	0
+25 %	80	0.25	15.5	60	0

7.7.2 Présentation des résultats des calculs et discussion

Les résultats détaillés de l'analyse paramétrique sont présentés à l'annexe 1 « Résultats de l'analyse de sensibilité aux paramètres du modèle de Mohr-Coulomb, lesquels sont synthétisés dans les Tableaux 7.4 et 7.5

Tableau 7.4: Influence des paramètres de la loi Mohr-Coulomb sur la courbe (q,ε_1)

	Influence de variation des paramètres
E	L'augmentation de E entraîne une augmentation de la pente initiale de la courbe mais il n'existe pas de différence entre les valeurs du déviateur aux grandes déformations
v	L'augmentation de v entraîne une augmentation de la pente initiale de la courbe mais il n'existe pas de différence entre les valeurs du déviateur aux grandes déformations
ψ	Pas d'influence sur l'ensemble de la courbe
φ'	Influence très importante sur le niveau de déviateur à la rupture

Tableau 7.5: Influence des paramètres de la loi Mohr-Coulomb sur la courbe $(\varepsilon_v,\varepsilon_1)$

	Influence de variation des paramètres
E	Influence notable sur la courbe à l'état caractéristique
v	L'augmentation de v entraîne une augmentation de la pente initiale de la courbe et une influence moyenne après l'état caractéristique
ψ	Très grande influence sur la pente de la courbe après l'état caractéristique
φ'	Influence notable sur la courbe à l'état caractéristique

7.8 Conclusions

Dans ce chapitre, les essais triaxiaux expérimentaux sont modélisés avec la loi Mohr-Coulomb. Parmi les modules de calcul de CESAR, le module MCNL a été choisi.

La comparaison entre l'expérimentation et la simulation montre que le modèle de Mohr-Coulomb reproduit qualitativement le comportement expérimental obtenu, mais pas d'une manière excellente. Des différences certaines sont établies quantitativement, en termes de module d'élasticité initial, de résistance au cisaillement et de contractance / dilatance.

Pour les courbes d'évolution du déviateur, la loi de Mohr-Coulomb ne nous a pas permis de simuler la concavité observée expérimentalement. Les simulations conduisent à sous-estimer ou surestimer la valeur du déviateur à la rupture qui dépend de la pression de confinement effective. Les résultats expérimentaux et de simulations divergent assez largement quand il s'agit des évolutions de volume ε_v.

L'optimalisation des paramètres du modèle Mohr-Coulomb est réalisée pour améliorer les résultats de la simulation d'essai triaxial. Les résultats de ce processus montrent que la simulation avec les paramètres de l'option « transition état élastique – état plastique assurée par l'évolution de la déformation volumique » est plus proche du résultat expérimental au niveau de la déformation volumique maximale.

Des études de sensibilité ont également été réalisées. Les variations de chaque paramètre modifient au moins une courbe numérique (cisaillement ou volume).

Chapitre 8
Modélisation du comportement des mâchefers avec la loi de Nova

8.1 Généralité

Ce chapitre a pour objet de valider le modèle de Nova à partir des données expérimentales sur le MIOM au moyen d'essais triaxiaux drainés de cisaillement avec une phase de déchargement - rechargement. On utilise les résultats des essais triaxiaux d'une série d'essais « E ». Le modèle élastoplastique avec écrouissage isotrope de Nova a été élaboré pour décrire le comportement mécanique les sables à partir d'essais triaxiaux. Il est inspiré du modèle Cam-Clay mis à part le fait que le potentiel est non associé à partir d'un niveau de cisaillement et aucune hypothèse n'est faite sur l'existence de l'état critique.

8.2 Programme d'essais

Une série d'essais triaxiaux drainés de cisaillement avec une phase de déchargement – rechargement a été réalisée. La série d'essais nommée « E », correspond aux essais drainés avec une pression interstitielle u constante, fixée à 200 kPa. La pression de confinement effective varie de p'= 100 kPa à p'= 300 kPa. Chaque type d'essai est effectué deux fois. Les vitesses de chargement de ces deux séries d'essai sont identiques : 0.036 mm/min (Tableau 8.1).

Tableau 8.1: Liste des paramètres choisis pour conduire les essais triaxiaux « E »

Essai	u (kPa)	σ_3 (kPa)	p' (kPa)	Vitesse de chargement (mm/min)
E11	200	300	100	0.036
E12	200	300	100	0.036
E21	200	400	200	0.036
E22	200	400	200	0.036
E31	200	500	300	0.036
E32	200	500	300	0.036

8.3 Méthodologie de détermination des paramètres mécaniques

Dans cette partie, on présente la méthodologie de détermination et de calcul des paramètres de Nova.

8.3.1 Principe de détermination des paramètres

Pour déterminer des paramètres de la loi de Nova, on a appliqué une méthode analytique couplée avec une optimisation paramétrique. Son principe consiste à reprendre la démarche adoptée pour les lois de comportement les plus simples : estimer des tangentes et des asymptotes en certains points géométriquement représentatifs des variations des courbes contraintes-déformations déduites d'un essai triaxial de compression axisymétrique drainé avec une phase de déchargement $(\varepsilon_1, \sigma_1 - \sigma_3)$ et $(\varepsilon_1, \varepsilon_3)$. Les points choisis permettent d'encadrer les courbes expérimentales par des tangentes et asymptotes (notée A_i sur la Figure 8.1). La procédure de détermination des paramètres est alors fondée sur l'identification entre ces tangentes et les expressions analytiques des quantités $\left(\dfrac{d(\sigma_1 - \sigma_3)}{d\varepsilon_1}, \dfrac{d\varepsilon_v}{d\varepsilon_1} \right)$, fournies par la loi de comportement considérée [Mestat P. et Arafati N., 2000].

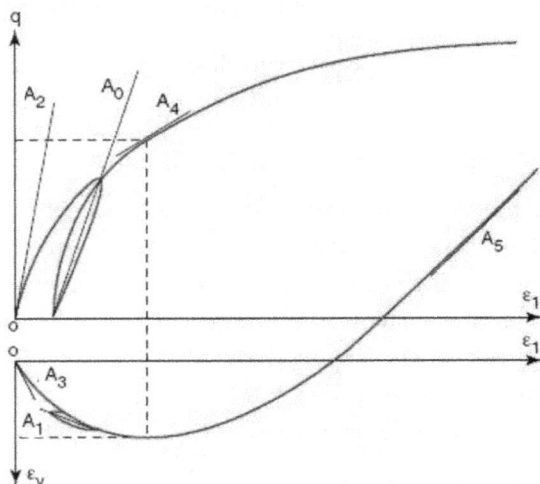

Figure 8.1: Résultats d'un essai triaxial de compression et tangentes significatives des courbes contraintes-déformations [Mestat P. et Arafati N., 2000]

Les tangentes et asymptotes estimées sur les courbes expérimentales sont notées respectivement A_0, A_1, A_2, A_3 et A_4 . Elles caractérisent les variations du déviateur et de la déformation volumique en fonction de la déformation axiale :

- déchargement complet ($dq \leq 0$, jusqu'à $q = 0$). Dans ce cas, la courbe théorique est souvent très pentue et proche d'une droite comme la courbe expérimentale. Ceci autorise le calcul des pentes A_0 et A_1 sur l'intervalle de déformation correspondant au déchargement complet ;

- chargement initial ($q = 0$ et $dq > 0$). Deux cas se présentent : soit l'état de contraintes initial est à l'intérieur du domaine élastique, soit il est sur la surface de charge dans le domaine plastique (pentes A_2 et A_3) ;

226

- état caractéristique ($\eta = \eta_m$ et $d\varepsilon_v = 0$). La pente A_4 représente la valeur de la tangente au point $\eta = \eta_m$ sur la courbe expérimentale $(\varepsilon_1, \sigma_1 - \sigma_3)$;

- cisaillement maximal à la rupture (rupture pour $\eta = \eta_r$) ;

- dilatance à la rupture pour $\eta = \eta_r$.

8.3.2 Calcul des paramètres du modèle de Nova

On présent ci-dessous les étapes de calcul des paramètres proposés par [Mestat P., 1992]

8.3.2.1 Calcul des tangentes aux courbes résultant d'un essai triaxial de compression

Les relations différentielles de l'élastoplasticité permettent de déduire les expressions de déformations incrémentales élastiques et plastiques en fonction du seul état de contraintes et de l'incrément des contraintes. Le calcul peut être mené dans le cas d'un état de contrainte quelconque ; dans le cas particulier d'un essai triaxial axisymétrique de compression, les relations différentielles se simplifient grandement, il devient même possible de les intégrer de manière explicite.

Les relations différentielles sont paramétrées en fonction d'une seule variable, appelée x, définie par :

$$x = \frac{\sigma_1 - \sigma_3}{\sigma_1 + 2\sigma_3} = \frac{q}{3p} \quad (8\text{-}1) \quad \text{tel que } x \in [0,1[$$

où on rappelle que p et q désignent respectivement la pression moyenne et le déviateur des contraintes

$$p = \frac{\sigma_1 + \sigma_2 + \sigma_3}{3} \quad q = \sqrt{\frac{(\sigma_1 - \sigma_2)^2 + (\sigma_2 - \sigma_3)^2 + (\sigma_3 - \sigma_1)^2}{2}} \quad (8\text{-}2)$$

Les expressions des incréments de déformations élastiques et plastiques, en fonction de x et de dx, sont regroupées dans le Tableau 8.2. De ce tableau, il est facile de déduire les variations des déformations volumiques élastiques et plastiques. Ces relations permettent de calculer, en tout point de l'essai triaxial, les tangentes $d\sigma_1/d\varepsilon_1$ et $d\varepsilon_v/d\varepsilon_1$, en écrivant :

$$\frac{d\sigma_1}{d\varepsilon_1} = \frac{d\sigma_1}{dx}\frac{dx}{d\varepsilon_1} \qquad \frac{d\varepsilon_v}{d\varepsilon_1} = \frac{d\varepsilon_v}{dx}\frac{dx}{d\varepsilon_1} \qquad (8\text{-}3)$$

Dès lors, il suffit de déterminer sur les courbes expérimentales les valeurs des tangentes en certains points particuliers puis, d'identifier celles-ci aux expressions analytiques pour obtenir les paramètres du modèle de Nova, (Figure 8.2).

Tableau 8.2: Expressions des incréments des déformations élastiques et plastiques pour le modèle de Nova

Élasticité	$$d\varepsilon^e_1 = \left(2L_0 + \frac{1}{3}\frac{B_0}{1-x}\right)dx$$ $$d\varepsilon^e_2 = d\varepsilon^e_3 = \left(-L_0 + \frac{1}{3}\frac{B_0}{1-x}\right)dx$$ $$0 \le x \le 1 \qquad x = \frac{\sigma_1 - \sigma_3}{\sigma_1 + 2\sigma_3}$$	
Plasticité $\dfrac{q}{p} \le \dfrac{M}{2}$	$$d\varepsilon^p_1 = \frac{1-B_0}{3}\frac{(1+ax)^2}{(1+ax^2)(1+bx)}\frac{dx}{(1-x)}$$ $$d\varepsilon^p_2 = d\varepsilon^p_3 = \frac{1-B_0}{3}\frac{(1+ax)\left(1-\frac{a}{2}x\right)}{(1+ax^2)(1+bx)}\frac{dx}{(1-x)}$$ $$b = \frac{12\mu D}{M^2}$$	$$a = \frac{36\mu}{M^2}$$
Plasticité $\dfrac{q}{p} \le \dfrac{M}{2}$	$$d\varepsilon^p_1 = \frac{1-B_0}{m}\frac{\left(1+\frac{M-3x}{3\mu}\right)(m+3(1-x))}{\left(\frac{M}{\mu}\left(1-\frac{3x}{M}\right)+D\right)(1-x)}dx$$ $$d\varepsilon^p_2 = d\varepsilon^p_3 = \frac{1-B_0}{m}\frac{\left(-\frac{1}{2}+\frac{M-3x}{3\mu}\right)(m+3(1-x))}{\left(\frac{M}{\mu}\left(1-\frac{3x}{M}\right)+D\right)(1-x)}dx$$	

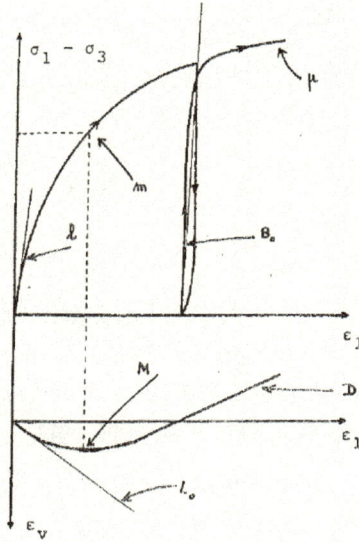

Figure 8.2: Détermination des paramètres pour le modèle de Nova

8.3.2.2   Calcul des tangentes au cours d'un déchargement

Dans le cas d'un déchargement, le comportement est supposé élastique. Le Tableau 8.2 permet de déduire les tangentes aux courbes $(\varepsilon_1, \sigma_1)$ et $(\varepsilon_1, \varepsilon_v)$. D'où :

$$\frac{d\sigma_1}{d\varepsilon_1} = \frac{d\sigma_1}{d\varepsilon_1^e} = \frac{9\sigma_3}{(1-x)\left[6L_0(1-x)+B_0\right]} \quad (8\text{-}4)$$

$$\frac{d\varepsilon_v}{d\varepsilon_1} = \frac{d\varepsilon_v}{d\varepsilon_1^e} = \frac{3B_0}{6L_0(1-x)+B_0} \quad (8\text{-}5)$$

L'estimation des tangentes aux courbes au déchargement est relativement aisée, car ces courbes sont en général très régulières et assimilables à des droites. En conséquence, une extrapolation simple permet d'obtenir les pentes au déchargement complet, soit A_0 pour la courbe $(\varepsilon_1, \sigma_1)$ et A_1 pour la courbe $(\varepsilon_1, \varepsilon_v)$. Pour un déchargement complet (x=0), les relations précédentes deviennent :

$$A_0 = \frac{9\sigma_3}{6L_0 + B_0} \quad (8\text{-}6) \qquad A_1 = \frac{3B_0}{6L_0 + B_0} \quad (8\text{-}7)$$

Les relations précédentes conduisent aux expressions des paramètres L_0 et B_0 :

$$B_0 = 3\sigma_3 \frac{A_1}{A_0} \quad (8\text{-}8) \qquad L_0 = \sigma_3 \frac{3 - A_1}{2A_0} \quad (8\text{-}9)$$

8.3.2.3   Calcul des tangentes au cours d'un chargement

Les relations différentielles, contenues dans le Tableau 8.2, permettent d'exprimer, comme précédemment, les tangentes aux courbes triaxiales. Pour les points proches de l'état initial, le déviateur q est proche de zéro, donc ces points ont un rapport de contraintes q/p inférieur à M /2 :

$$d\varepsilon_1 = \left[2L_0 + \frac{B_0}{3(1-x)} + \frac{(l - B_0)(1 + ax)^2}{3(1 + ax^2)(1 + bx)(1 - x)} \right] dx \quad (8\text{-}10)$$

$$d\varepsilon_v = \left[\frac{B_0}{1 - x} + \frac{(l - B_0)(1 + ax)}{(1 + ax^2)(1 + bx)(1 - x)} \right] dx \quad (8\text{-}11)$$

Par conséquent, les tangentes initiales aux courbes triaxiales sont :

$$A_2 = \frac{9\sigma_3}{6L_0 + l} \quad (8\text{-}12) \qquad A_3 = \frac{3l}{6L_0 + l} \quad (8\text{-}13)$$

Les relations précédentes conduisent aux expressions des paramètres l et L_0 :

$$l = 3\sigma_3 \frac{A_3}{A_2} \quad (8\text{-}14) \qquad L_0 = \sigma_3 - \frac{3 - A_3}{2A_2} \quad (8\text{-}15)$$

Remarque : la seconde relation permet d'obtenir une autre estimation du paramètre L_0.

8.3.2.4   Calcul de la charge de rupture de l'échantillon

La charge de rupture de l'échantillon au cours d'un essai triaxial de compression correspond à la contrainte axiale maximale qu'il peut supporter. La rupture se produit donc pour un rapport de contrainte q/p supérieur à M /2. Cette charge est calculée d'après l'équation exprimant le maximum de la courbe contrainte-déformation ou l'existence d'une asymptote pour q/p > M/2.

Si σ_r représente la contrainte axiale maximale relevée sur la courbe expérimentale, celle-ci doit vérifier l'équation $d\sigma_1 / d\varepsilon_1 = 0$. D'où, d'après les formules établies précédemment :

$$3x_r = M + \mu D \quad (8\text{-}16)$$

De cette équation, on déduit une relation entre les paramètres M, μ, D et la contrainte à la rupture σ_r :

$$M + \mu D = \frac{3(\sigma_r - \sigma_3)}{\sigma_r + 2\sigma_3} \quad (8\text{-}17)$$

8.3.2.5 Calcul de la pente de dilatance

Les expressions contenues dans le Tableau 8.2 permettent d'exprimer la tangente en tout point de la courbe $(\varepsilon_1, \varepsilon_v)$. Toutefois, au voisinage de la rupture, cette tangente est équivalente à la tangente $d\varepsilon^p_v / d\varepsilon^p_1$. Le calcul de la pente de dilatance ne fait ainsi intervenir que les termes du potentiel plastique pour q/p > M/2, les termes provenant de la partie élastique peuvent être négligés. Il vient donc :

$$\frac{d\varepsilon^p_v}{d\varepsilon^p_1} = \frac{3(M - 3x)}{3\mu + M - 3x} \quad (8\text{-}18)$$

Lorsque l'on tend vers la rupture, la valeur de cette tangente tend vers la limite :

$$\frac{d\varepsilon^p_v}{d\varepsilon^p_1} = \frac{3(M - 3x_r)}{3\mu + M - 3x_r} = \frac{-3D}{3 - D} \quad (8\text{-}19)$$

Si α désigne la pente de l'asymptote à la courbe $(\varepsilon_1, \varepsilon_v)$, calculée avec les valeurs expérimentales, le paramètre D est déterminé par la relation :

$$D = \frac{3\alpha}{-3+\alpha} \quad (8\text{-}20)$$

8.3.2.6   Calcul de l'extremum de déformation volumique

La courbe expérimentale $(\varepsilon_1, \varepsilon_v)$, obtenue sur des matériaux sableux denses ou moyennement denses, présente, d'une façon générale, un extremum de déformation volumique. Cet extremum définit l'état caractéristique du matériau. Si x_m représente le rapport des contraintes correspondant à l'état caractéristique, x_m vérifie l'équation suivante :

$$d\varepsilon_v / d\varepsilon_1 = 0 \quad (8\text{-}21)$$

soit encore sous une forme développée :

$$B_0 + \frac{(l-B_0)(M-3x_m)\left[m+3(1-x_m)\right]}{m\left[M+\mu D-3x_m\right]} = 0 \quad (8\text{-}22)$$

si A_4 représente la valeur de la tangente à la courbe $(\varepsilon_1, \sigma_1)$ à l'état caractéristique, A_4 s'exprime, d'après les expressions théoriques du modèle de Nova, comme suit :

$$A_4 = \frac{9\sigma_3}{(1-x_m)\left[6L_0(1-x_m)+B_0+\dfrac{(l-B_0)(M+3\mu-3x_m)(m+3-3x_m)}{m(M+\mu D-3x_m)}\right]} \quad (8\text{-}23)$$

La combinaison des deux équations précédentes conduit à une expression plus simple pour A_4 :

$$A_4 = \frac{3\sigma_3(M-3x_m)}{(1-x_m)\left[2L_0(1-x_m)(M-3x_m)-\mu B_0\right]} \quad (8\text{-}24)$$

D'autre part, l'élimination de μ grâce à la relation, $D\mu = 3x_r - M$, conduit à la relation suivante :

$$\frac{3x_r-M}{M-3x_m} = \frac{\beta}{B_0} \quad \text{avec} \quad \beta = (1-x_m)2DL_0 - \frac{3\sigma_3 D}{A_4(1-x_m)} \quad (8\text{-}25)$$

De cette dernière relation, le paramètre M peut être déduit, puis connaissant M et D, il est facile de déduire μ. D'où

$$M = \frac{3(B_0 x_r + \beta x_m)}{B_0 + \beta} \quad (8\text{-}26) \qquad \mu = \frac{3\beta(x_r - x_m)}{D(B_0 + \beta)} \quad (8\text{-}27)$$

Pour sa part, le paramètre m est déterminé en reportant les expressions de M et m dans la relation donnant la tangente A_4. D'où, après simplifications :

$$m = \frac{-3(1 - x_m)(l - B_0)}{l + \beta} \quad (8\text{-}28)$$

Le point délicat de cette méthodologie concerne l'estimation de la pente A_4. En effet, une faible erreur dans l'estimation de la déformation axiale correspondant à l'état caractéristique $(d\varepsilon_v = 0)$ peut entraîner une erreur importante sur la valeur de A_4, car les tangentes $dq / d\varepsilon_1$ varient fortement dans cette zone intermédiaire entre l'état initial et la rupture [Mestat P. et Arafati N., 2000].

8.3.2.7   Calcul du huitième paramètre p_{c0}

Le huitième paramètre p_{c0} est en fait une pression de référence. Pour un essai triaxial avec consolidation isotrope, p_{c0} est égal à la pression de confinement σ_3 de l'essai.

8.3.2.8   Remarques sur la détermination des paramètres

L'ensemble des expressions ainsi établies permet de déterminer les paramètres du modèle de Nova à partir des résultats d'un essai triaxial axisymétrique de compression. Lorsque l'on dispose de plusieurs essais de compression, les paramètres sont déterminés pour chaque essai. Puis, des paramètres moyens sont déduits par une simple moyenne arithmétique, et seule la confrontation d'une simulation théorique des essais avec les résultats expérimentaux permet de valider ou non les paramètres ainsi obtenus.

Si la confrontation avec les résultats expérimentaux n'est pas satisfaisante, il convient de modifier les paramètres. Tout le problème consiste, alors, dans la manière de procéder en fonction de premières simulations effectuées.

Avant de proposer une solution à ce problème, il convient d'évoquer un aspect pratique important : il s'agit de la manière d'estimer les tangentes à une courbe expérimentale. Plusieurs méthodes ont été proposées comme de caler une droite par la méthode des moindres carrés dans un voisinage du point considéré, d'approximer une portion de la courbe expérimentale par une fonction hyperbolique ou une fonction parabolique puis, au moyen d'une dérivation, en déduire les valeurs recherchées, ou bien encore d'utiliser des fonctions spline.

En supposant être en mesure de calculer de façon satisfaisante des tangentes à une courbe formée d'une succession de points, la seule manière d'améliorer une simulation consiste à modifier la valeur d'un ou de plusieurs paramètres. Aussi la moindre modification d'un paramètre du modèle doit obéir à une certaine logique. Pour cela, il convient de connaître le rôle de chaque paramètre, et son influence sur la simulation de l'essai triaxial de compression. Cette connaissance permet également d'élaborer un principe d'ajustement.

8.3.3 Ajustement des paramètres de modèle de Nova

8.3.3.1 Principe d'ajustement des paramètres pour une méthode analytique

La méthode analytique proposée a été appliquée à plusieurs types de sable. Toutes ces études ont montré que, quel que soit le nombre d'essais de compression pris en compte, le jeu de paramètres moyens obtenu conduit à des simulations des courbes $(\varepsilon_1, \sigma_1 - \sigma_3)$ généralement proches, voire très proches, des courbes expérimentales. En revanche, la position de l'état caractéristique sur la courbe $(\varepsilon_1, \varepsilon_v)$ n'est souvent pas bien décrite par cette première simulation. Cette différence s'explique par l'utilisation d'expressions incrémentales et non totales. La Figure 8.3 illustre le problème : la méthode proposée impose aux points A (expérimentale) et B (simulé) d'avoir une tangente de même valeur sur la courbe $(\varepsilon_1, \varepsilon_v)$ et de présenter un extremum au point correspondant sur la courbe $(\varepsilon_1, \sigma_1 - \sigma_3)$. Les points A et B n'ont aucune raison d'être confondus, puisqu'aucune relation n'est imposée entre leurs abscisses respectives (déformation axiale). Il faut

234

s'en remettre à la capacité prédictive du modèle pour obtenir un décalage plus ou moins important par rapport à l'expérience.

La Figure 8.3 prouve qu'il suffit d'augmenter (ou de diminuer) la valeur de la tangente A_4 pour rapprocher les points A et B et améliorer la simulation. La nouvelle valeur de A_4 ne sera, certes, plus égale à la valeur expérimentale mais permettra de mieux représenter l'extremum de déformation volumique.

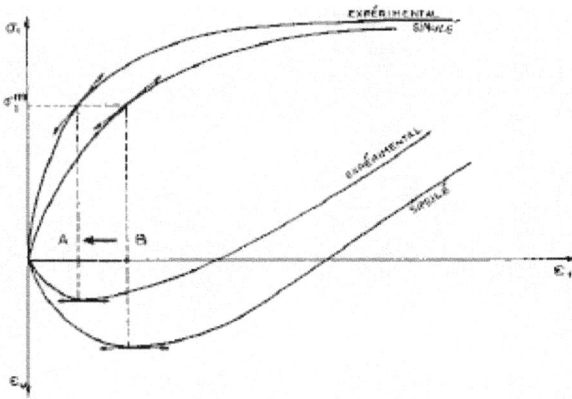

Figure 8.3: Principe d'ajustement des paramètres pour une méthode analytique

8.3.3.2   Ajustement des paramètres du modèle de Nova

Dans le cas de la loi de Nova, cet ajustement se traduit directement sur les valeurs des paramètres M, μ et m. Cependant, une étude de sensibilité a montré que les paramètres M et μ sont peu affectés par le changement de la tangente A_4. En revanche, le paramètre m peut être multiplié par deux, trois, voire quatre, jouant ainsi le rôle essentiel dans l'amélioration de la simulation globale. Son influence mérite donc d'être étudiée de façon plus approfondie.

Soient deux jeux de paramètres, notés (jeu1) et (jeu2), différents uniquement par la valeur du paramètre m : m_1 et m_2. Comme le domaine de variation du rapport de contraintes η demeure inchangé, les quantités $d\varepsilon_1(jeu1) - d\varepsilon_1(jeu2)$ et $d\varepsilon_v(jeu1) - d\varepsilon_v(jeu2)$ sont non nulles seulement pour $\eta \geq M/2$:

$$d\varepsilon_1(jeu1) - d\varepsilon_1(jeu2) = \frac{(m_2 - m_1)(1 - B_0)(3\mu + M - \eta)}{3m_1 m_2(M + \mu D - \eta)}d\eta \quad (8\text{-}29)$$

$$d\varepsilon_v(jeu1) - d\varepsilon_v(jeu2) = \frac{(m_2 - m_1)(1 - B_0)(M - \eta)}{m_1 m_2(M + \mu D - \eta)}d\eta \quad (8\text{-}30)$$

En intégrant ces expressions entre le point $\eta = M/2$ [pour lequel $\varepsilon_1(jeu1) = \varepsilon_1(jeu2)$] et un point courant, on obtient :

$$\varepsilon_1(jeu1) - \varepsilon_1(jeu2) = \frac{(m_2 - m_1)(1 - B_0)}{3m_1 m_2}\left[\eta - \frac{M}{2} + \mu(D - 3)\ln\left(\frac{M + \mu D - \eta}{\frac{M}{2} + \mu D}\right)\right]$$

(8-31)

$$\varepsilon_v(jeu1) - \varepsilon_v(jeu2) = \frac{(m_2 - m_1)(1 - B_0)}{m_1 m_2}\left[\eta - \frac{M}{2} + \mu D\ln\left(\frac{M + \mu D - \eta}{\frac{M}{2} + \mu D}\right)\right]$$

(8-32)

Comme $\eta \geq M/2$ et $D - 3 \leq 0$, la relation précédente montre que la quantité $\varepsilon_1(jeu1) - \varepsilon_1(jeu2)$ est du même signe que la différence $(m_2 - m_1)$ pour tout trajet de chargement monotone croissant. En revanche, le signe de la quantité $\varepsilon_v(jeu1) - \varepsilon_v(jeu2)$ est moins évident. L'étude de ses variations sur l'intervalle $[M/2, M + \mu D]$ montre qu'il existe un point η_0 (supérieur à M) tel que :

- pour $\eta \in \left[\dfrac{M}{2}, \eta_0\right]$, $\varepsilon_v(jeu1) - \varepsilon_v(jeu2)$ est du même signe que $(m_2 - m_1)$

- pour $\eta \in [\eta_0, M + \mu D]$, $\varepsilon_v(jeu1) - \varepsilon_v(jeu2)$ est du signe opposé que $(m_2 - m_1)$

Cette analyse permet d'établir une stratégie pour minimiser les différences $\varepsilon_1^{\text{exp}} - \varepsilon_1(jeu2)$ et $\varepsilon_v^{\text{exp}} - \varepsilon_v(jeu2)$. Si une première simulation entraîne une représentation de l'état caractéristique trop à droite (sens des déformations axiales croissantes) par rapport à la courbe expérimentale, une augmentation de « m » ramène vers la gauche (sens des déformations axiales décroissantes) l'extremum théorique $(d\varepsilon_v(jeu2) = 0)$ et on se rapproche de l'extremum expérimental avec une faible perturbation sur la simulation de l'ensemble des courbes. A contrario, un mouvement vers la droite est obtenu par une diminution de « m ». Cette façon de procéder est simple et ne nécessite généralement que quelques calculs pour atteindre une simulation satisfaisante. Cette technique d'ajustement pourrait facilement être systématisée au travers d'un algorithme d'optimisation.

Une autre approche simple consiste à utiliser les expressions théoriques pour imposer à la simulation théorique de prendre la valeur du point expérimental définissant l'état caractéristique : $\varepsilon_1(jeu2) = \varepsilon_1^{\text{exp}}$ et $\varepsilon_v(jeu2) = \varepsilon_v^{\text{exp}}$. Cependant, pour être complètement cohérent, il faut corriger les équations précédentes en introduisant les valeurs expérimentales correspondant au point $\eta = M/2$.

On emploie alors les relations :

$$\varepsilon_1^{th} - \varepsilon_1^{\text{exp}} = \varepsilon_1^{th}\left(\frac{M}{2}\right) - \varepsilon_1^{\text{exp}}\left(\frac{M}{2}\right) + \frac{(m_2 - m_1)(l - B_0)}{3m_1 m_2}\left[\eta - \frac{M}{2} + \mu(D-3)\ln\left(\frac{M + \mu D - \eta}{\frac{M}{2} + \mu D}\right)\right]$$

(8-33)

$$\varepsilon_v^{th} - \varepsilon_v^{\text{exp}} = \varepsilon_v^{th}\left(\frac{M}{2}\right) - \varepsilon_v^{\text{exp}}\left(\frac{M}{2}\right) + \frac{(m_2 - m_1)(l - B_0)}{m_1 m_2}\left[\eta - \frac{M}{2} + \mu D\ln\left(\frac{M + \mu D - \eta}{\frac{M}{2} + \mu D}\right)\right]$$

(8-34)

L'écriture de ces relations à l'état caractéristique conduit au calcul de deux valeurs pour le paramètre m_2. Par simplicité, la moyenne arithmétique est considérée.

En résumé, l'amélioration d'une simulation avec la loi de Nova s'obtient en faisant varier la valeur du paramètre m. Ce qui entraîne :

- sur la courbe $(\varepsilon_1, \varepsilon_v)$, un déplacement de la position de l'asymptote et une augmentation ou une diminution de l'ordonnée ε_v à l'état caractéristique, selon la position de η_m par rapport à η_0 ;

- sur la courbe $(\varepsilon_1, \sigma_1 - \sigma_3)$, un raidissement ou un assouplissement de la courbure dû au décalage des déformations sur l'axe ε_1 et aux valeurs inchangées des contraintes.

8.4   Simulation de l'essai triaxial drainé

Comme dans le chapitre 7 « modélisation des mâchefers avec la loi Mohr-Coulomb », le module MCNL du progiciel CESAR-LCPC est utilisé pour modéliser l'essai triaxial.

La méthodologie de simulation de l'essai triaxial est similaire à celle mise en œuvre dans le chapitre 7. La différence s'illustre dans la description du palier de plasticité (loi de Mohr-Coulomb) où la simulation de la phase de cisaillement a été réalisée en déplacements imposés. Pour des lois de comportement élastoplastiques avec écrouissage, la simulation de la phase de cisaillement peut être réalisée en déplacements imposés soit réalisé en contraintes imposées [Mestat P. et Humbert P., 2001]. Dans ce chapitre, on continue à simuler la phase de cisaillement en déplacements imposés.

8.5   Valeurs des paramètres de la loi de Nova

Selon le principe de détermination des paramètres de Nova, tout d'abord, on va déterminer des tangentes et des asymptotes en certains points géométriquement représentatifs des variations des courbes contraintes-déformations déduites d'un essai triaxial de compression axisymétrique drainé avec une phase de déchargement$(\varepsilon_1, \sigma_1 - \sigma_3)$ et $(\varepsilon_1, \varepsilon_3)$. Le Tableau 8.3 représente les valeurs de ces tangentes et de ces asymptotes.

Tableau 8.3: Valeurs des tangentes et des asymptotes

Essai	u (kPa)	P' (kPa)	σ_3 (kPa)	A_0	A_1	A_2	A_3	A_4	A_5
E11	200	100	300	430850	0.3492	44409	0.5514	50044	0.6323
E12	200	100	300	269930	0.4101	49275	0.5569	68970	0.7919
E21	200	200	400	519020	0.0100	82024	0.6826	65455	0.4501
E22	200	200	400	414200	0.0180	63740	0.6170	58735	0.5987
E31	200	300	500	555510	0.0102	69141	0.5487	59692	0.5471
E32	200	300	500	533870	0.0119	84959	0.5972	60723	0.4867

Selon le principe de détermination des paramètres de Nova, il y a deux approches pour calculer L_0. Dans l'une (approche a), on peut calculer L_0 à partir de A_2 et A_3. Dans l'autre (approche b), on peut calculer L_0 à partir de A_0 et A_1. La valeur de L_0 influence sur la valeur de β, et elle entraîne une influence sur les valeurs des paramètres M, μ et m. Le Tableau 8.4 et le Tableau 8.5 présentent les valeurs des paramètres de la loi selon les deux méthodes d'estimations de L_0. Les valeurs de L_0 selon les deux approches donnent des résultats d'un ordre de grandeur différent. Ceci conduit à une difficulté quand on veut calculer des paramètres de la loi de Vermeer à partir des paramètres de la loi de Nova. Par exemple, c'est le cas pour le paramètre ε^c_0 parce que son estimation est effectuée à partir des trois paramètres L_0, B_0 et l (Tableau 2.1). Par contre, on peut remarquer dans les deux Tableau 8.4 et Tableau 8.5 que la valeur de L_0 n'influence que surtout la valeur de m mais son effet sur les valeurs de M et μ est très faible.

Tableau 8.4: Les valeurs des paramètres de Nova selon l'approche a
(L_0 est calculé avec A_2 et A_3)

Essai	u (kPa)	P' (kPa)	σ_3 (kPa)	E (MPa)	ν	B_0	L_0	M
E11	200	100	300	44.41	0.224	0.0002432	0.0027569	0.4172621
E12	200	100	300	49.28	0.222	0.0004558	0.0023683	0.3188753
E21	200	200	400	82.02	0.159	0.0000116	0.0028253	0.7492079
E22	200	200	400	63.74	0.192	0.0000261	0.0037386	0.5007754
E31	200	300	500	69.14	0.226	0.0000165	0.0053181	0.4577199
E32	200	300	500	84.96	0.201	0.0000201	0.0042423	0.4751402
Moyenne				65.59	0.204	0.0001289	0.0035416	0.4864968
Essai	u (kPa)	P' (kPa)	σ_3 (kPa)	l	D	M	μ	p_{c0}
E11	200	100	300	0.0037249	0.8011572	1.9538548	0.6106348	100
E12	200	100	300	0.0031017	0.9413182	2.0084145	0.4807927	100
E21	200	200	400	0.0049932	0.5295502	1.9080001	0.7652736	200
E22	200	200	400	0.0058080	0.7479699	1.8908293	0.4725584	200
E31	200	300	500	0.0071424	0.6691263	1.8848149	0.4877594	300
E32	200	300	500	0.0063264	0.5809494	1.8788463	0.4543090	300
Moyenne				0.0051827	0.7116785	1.9207933	0.5452255	200

Tableau 8.5: Les valeurs des paramètres de Nova selon l'approche b
(L_0 est calculé avec A_0 et A_1)

Essai	u (kPa)	P' (kPa)	σ_3 (kPa)	E (MPa)	v	B_0	L_0	M
E11	200	100	300	44.41	0.224	0.0002432	0.0003076	0.3607126
E12	200	100	300	49.28	0.222	0.0004558	0.0004797	0.2790214
E21	200	200	400	82.02	0.159	0.0000116	0.0005761	0.6692828
E22	200	200	400	63.74	0.192	0.0000261	0.0007199	0.4430183
E31	200	300	500	69.14	0.226	0.0000165	0.0008073	0.4053312
E32	200	300	500	84.96	0.201	0.0000201	0.0008396	0.4322232
Moyenne				65.59	0.204	0.0001289	0.0006217	0.4315982
Essai	u (kPa)	P' (kPa)	σ_3 (kPa)	l	D	M	μ	p_{c0}
E11	200	100	300	0.0037249	0.8011572	1.9548213	0.6094284	100
E12	200	100	300	0.0031017	0.9413182	2.0102072	0.4788882	100
E21	200	200	400	0.0049932	0.5295502	1.9080254	0.7652259	200
E22	200	200	400	0.0058080	0.7479699	1.8908701	0.4725290	200
E31	200	300	500	0.0071424	0.6691263	1.8848333	0.4877318	300
E32	200	300	500	0.0063264	0.5809494	1.8788625	0.4542810	300
Moyenne				0.0051827	0.7116785	1.9212700	0.5446857	200

8.6 Discussion et ajustement des paramètres de la loi de Nova

Chaque essai a été simulé selon deux approches « a » et « b ». Les résultats sont présentés dans l'annexe A3 « Résultats des simulations des essais triaxiaux selon les valeurs brutes des paramètres de Nova ». On peut constater que les résultats des deux simulations sont presque similaires. Cela signifie que l'on peut utiliser indifféremment l'une ou l'autre des approches de l'estimation de L_0 . Dans ce qui suit, les paramètres seront calculés en suivant l'approche « a ».

Par ailleurs, la comparaison entre l'expérience et la simulation montre que le modèle de Nova reproduit assez bien le comportement expérimental obtenu, surtout le déviateur à la rupture. Des différences sont notables pour l'évolution du déviateur de contrainte au niveau des modules initiaux qui surestiment les modules mesurés et la concavité de la courbe.

L'analyse des courbes de l'évolution de déformation volumique montre que le modèle de Nova surestime largement la dilatance.

Les remarques ci-dessus nous conduisent à l'ajustement des paramètres de la loi de Nova. Lorsque l'on dispose de plusieurs essais de compression, les paramètres sont déterminés pour chaque essai, puis les paramètres moyens sont déduits par simple moyenne arithmétique. Quand on ne connaît pas la gamme de pression adaptée à la modélisation de l'ouvrage (par exemple, les paramètres descriptifs de la loi de Nova dépendent de la profondeur des remblais ou des couches de chaussées pour lesquels les MIOM sont utilisés), on effectue une ou plusieurs fois l'ajustement pour chaque essai. Les Tableaux 8.6 à 8.11 et les Figures 8.4 à 8.15 représentent respectivement les paramètres de la loi de Nova et leurs ajustements.

Les nouvelles valeurs A_4 font changer faiblement les valeurs des paramètres M et μ mais elles ont un impact important sur les valeurs de m. Après l'ajustement, on constate que pour la courbe de l'évolution du déviateur de contrainte, le modèle de Nova est en assez bon accord avec les résultats expérimentaux mais pour la courbe de l'évolution de déformation volumique, le modèle de Nova n'est pas en adéquation.

Tableau 8.6: Paramètres du modèle Nova pour essai E11

Valeur	A_4	M	μ	m
Brut	50044	1.9538548	0.6106348	0.4172621
Ajusté 1	43084	1.9553563	0.6087606	0.3312594
Ajusté 2	37065	1.9566075	0.6071989	0.2670022
Ajusté 3	34713	1.9570850	0.6066029	0.2440430

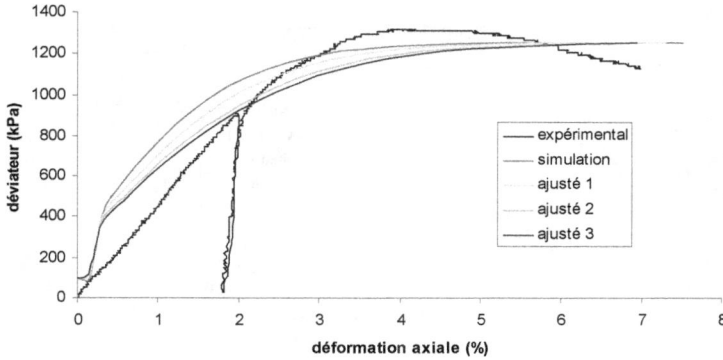

Figure 8.4: Comparaison de simulations ajustées avec le résultat
expérimental pour l'essai E11 : Évolution du déviateur

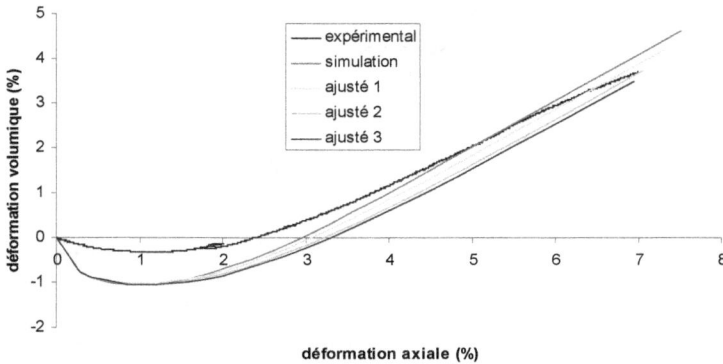

Figure 8.5: Comparaison de simulations ajustées avec le résultat
expérimental pour l'essai E11 : Évolution de la déformation volumique

243

Tableau 8.7: Paramètres du modèle Nova pour essai E12

Valeur	A_4	M	μ	m
Brut	68970	2.0084145	0.4807927	0.3188753
Ajusté 1	45456	2.0167849	0.4719005	0.1517155
Ajusté 2	38425	2.0173376	0.4713133	0.1421861

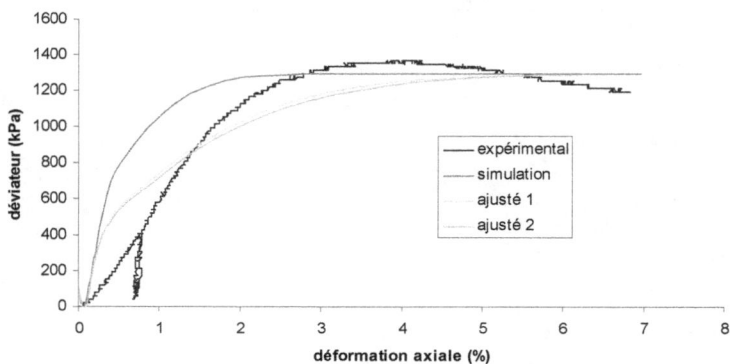

Figure 8.6: Comparaison de simulations ajustées avec le résultat expérimental pour l'essai E12 : Évolution du déviateur

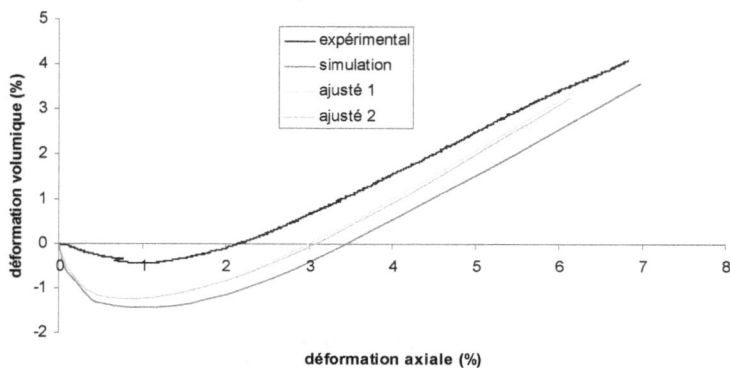

Figure 8.7: Comparaison de simulations ajustées avec le résultat expérimental pour l'essai E12 : Évolution de la déformation volumique

Tableau 8.8: Paramètres du modèle Nova pour essai E21

Valeur	A_4	M	μ	m
Brut	65455	1.9080001	0.7652736	0.7492079
Ajusté 1	60179	1.9083344	0.7652107	0.6452379
Ajusté 2	46877	1.9081154	0.7650558	0.4334701

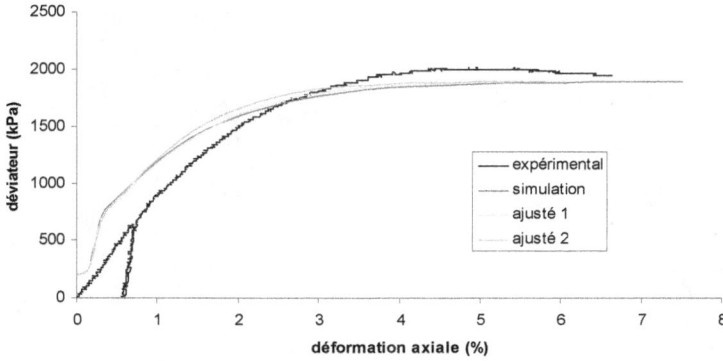

Figure 8.8: Comparaison de simulations ajustées avec le résultat expérimental pour l'essai E21 : Évolution du déviateur

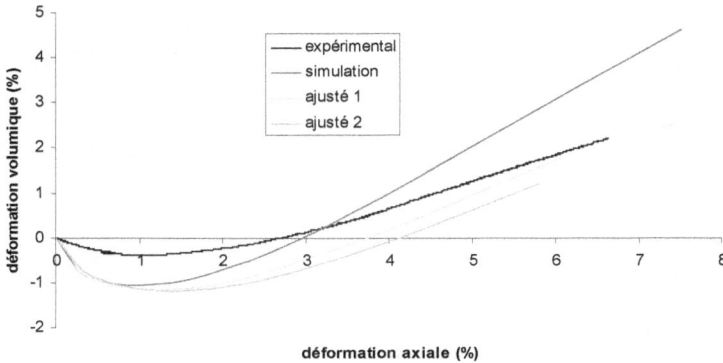

Figure 8.9: Comparaison de simulations ajustées avec le résultat expérimental pour l'essai E21 : Évolution de la déformation volumique

245

Tableau 8.9: Paramètres du modèle Nova pour essai E22

Valeur	A_4	M	μ	m
Brut	58735	1.8908293	0.4725584	0.5007754
Ajusté 1	47938	1.8909286	0.4724509	0.3671948
Ajusté 2	41951	1.8909819	0.4723796	0.3041981

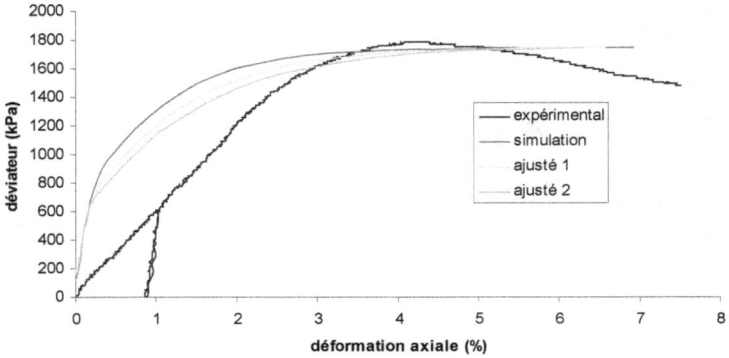

Figure 8.10: Comparaison de simulations ajustées avec le résultat expérimental pour l'essai E22 : Évolution du déviateur

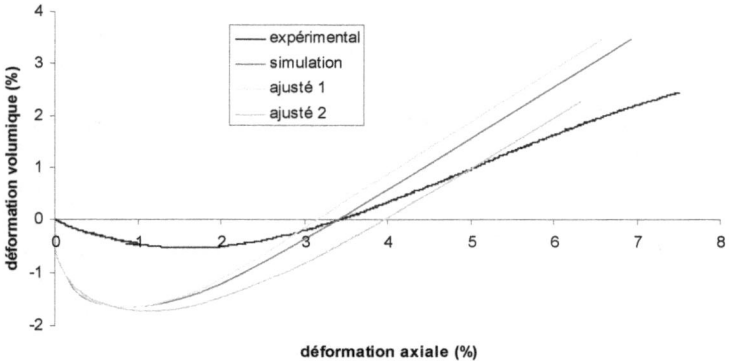

Figure 8.11: Comparaison de simulations ajustées avec le résultat expérimental pour l'essai E22 : Évolution de la déformation volumique

Tableau 8.10: Paramètres du modèle Nova pour essai E31

Valeur	A_4	M	μ	m
Brut	59692	1.8848149	0.4877594	0.4577199
Ajusté 1	53330	1.8848406	0.4877210	0.3857536
Ajusté 2	47820	1.8848624	0.4876884	0.3297100

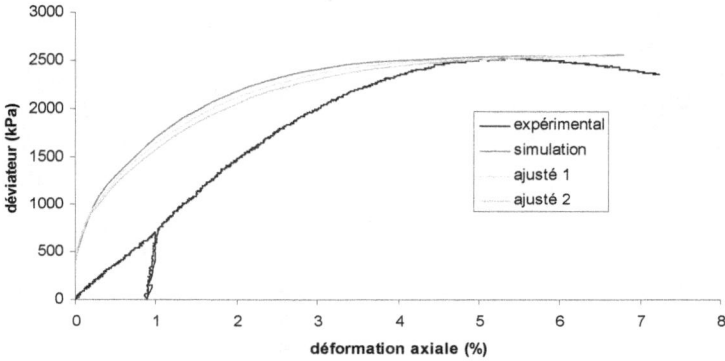

Figure 8.12: Comparaison de simulations ajustées avec le résultat expérimental pour l'essai E31 : Évolution du déviateur

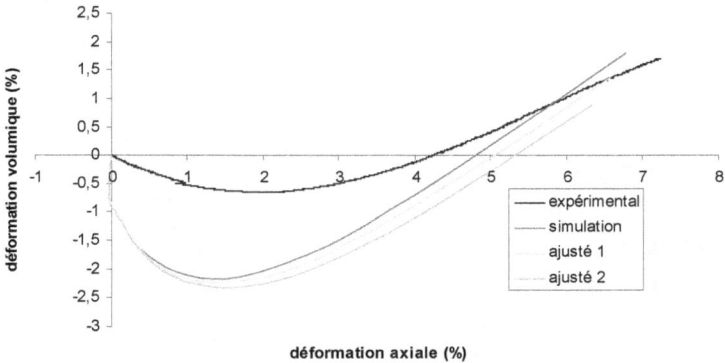

Figure 8.13: Comparaison de simulations ajustées avec le résultat expérimental pour l'essai E31 : Évolution de la déformation volumique

Tableau 8.11: Paramètres du modèle Nova pour essai E32

Valeur	A_4	M	μ	m
Brut	60723	1.8788463	0.4543090	0.4751402
Ajusté 1	51426	1.8788873	0.4542384	0.3711917
Ajusté 2	47544	1.8789041	0.4542094	0.3324088

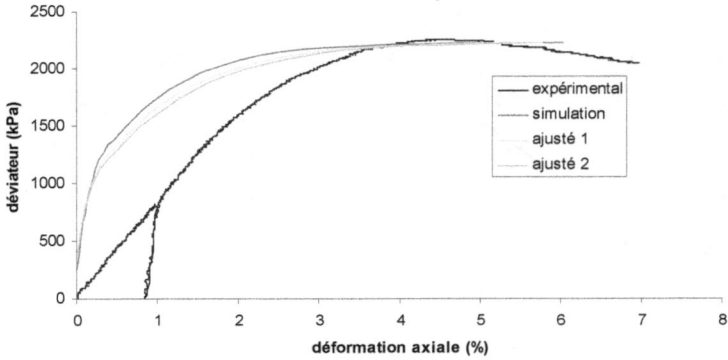

Figure 8.14: Comparaison de simulations ajustées avec le résultat expérimental pour l'essai E32 : Évolution du déviateur

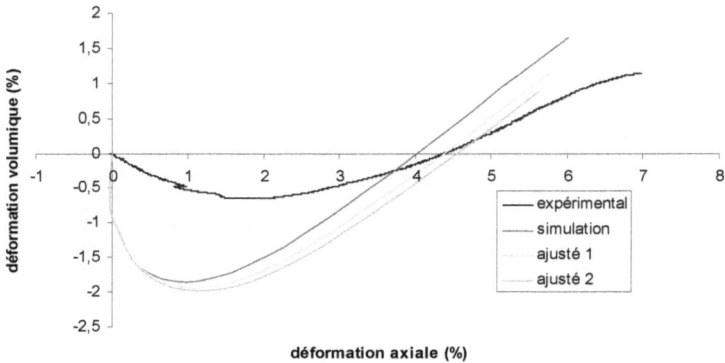

Figure 8.15: Comparaison de simulations ajustées avec le résultat expérimental pour l'essai E32 : Évolution de la déformation volumique

248

8.7 Analyse de sensibilité des paramètres mécaniques

Une étude systématique de l'influence des paramètres du modèle de Nova sur la simulation des essais triaxiaux de compression drainés a été réalisée en faisant varier chaque paramètre de +25 % ou de -25 % et en gardant les autres constants.

8.7.1 Paramètres du modèle de Nova

On observe que les variations de chaque paramètre modifient nettement au moins une courbe théorique (cisaillement ou volume), suggérant par là-même qu'on pourra déterminer les valeurs des paramètres de manière unique pour un degré de concordance entre les courbes données. Les valeurs des paramètres retenues sont regroupées dans le Tableau 8.12.

Tableau 8.12: Valeurs des paramètres de la loi Nova retenues pour l'étude paramétrique

Paramètre	E (MPa)	v	B_0	L_0	M
Valeur de référence	65	0.2	0.0001289	0.0035416	0.4864968
-25 %	65	0.2	0.0000967	0.0026562	0.3648726
+25 %	65	0.2	0.0001611	0.0044270	0.6081210
Paramètre	l	D	M	μ	P_{c0}
Valeur de référence	0.0051827	0.7116785	1.9207933	0.5452255	200
-25 %	0.0038870	0.5537589	1.4405950	0.4089191	200
+25 %	0.00647838	0.8895981	2.4009916	0.6815319	200

8.7.2 Présentations des calculs et discussions

Les résultats détaillés de l'analyse paramétrique sont présentés à l'annexe 2 « Résultats de l'analyse de sensibilité aux paramètres du modèle de Nova, lesquels sont synthétisés dans les Tableau 8.13 et Tableau 8.14

Tableau 8.13: Influence des paramètres de la loi Nova sur la courbe

	Influence de variation des paramètres
B_0	Influence très faible sur l'ensemble de la courbe
L_0	Pas d'influence sur l'ensemble de la courbe
M	Influence relativement pour $q/p \geq M/2$ sur toute la courbe. Pas d'effet sur le niveau de contraintes à la rupture
l	Influence relativement pour $q/p \geq M/2$ sur toute la courbe. Pas d'effet sur le niveau de contraintes à la rupture
D	Influence nette sur le niveau de contrainte à la rupture et sur la partie intermédiaire de la courbe (écrouissage)
M	Influence importante sur le niveau de contrainte à la rupture et sur l'ensemble de la courbe
μ	Influence importante sur le niveau de contrainte à la rupture et sur l'ensemble de la courbe

Tableau 8.14: Influence des paramètres de la loi Nova sur la courbe

	Influence de variation des paramètres
B_0	Influence très faible sur l'ensemble de la courbe
L_0	Pas d'influence sur l'ensemble de la courbe
M	Influence relativement faible sur la position de l'état caractéristique et translation de l'asymptote
l	Influence assez faible sur la position de l'état caractéristique et translation de l'asymptote
D	Influence assez faible sur la position de l'état caractéristique et translation de l'asymptote
M	Influence importante sur la position de l'état caractéristique et translation de l'asymptote
μ	Influence importante sur la position de l'état caractéristique et translation de l'asymptote (pente de dilatance inchangée)

8.8 Conclusions

Les essais triaxiaux avec une phase de déchargement-rechargement ont été réalisés. Ces essais triaxiaux sont modélisés avec la loi de Nova.

Une méthodologie simple et de mise en œuvre rapide a été utilisée pour déterminer les paramètres de la loi de Nova. Selon le principe de cette méthodologie, il y a deux approches pour calculer L_0. Cependant, les résultats de la simulation des deux approches sont presque similaires.

La comparaison entre l'expérience et la simulation montre que le modèle de Nova reproduit assez bien le comportement expérimental obtenu et particulièrement le déviateur à la rupture. Des différences sont notables pour l'évolution du déviateur de contrainte au niveau des modules initiaux qui surestiment les modules mesurés et la concavité de la courbe. L'analyse des courbes de l'évolution de déformation volumique montre que le modèle de Nova surestime largement la dilatance.

L'ajustement des paramètres de la loi de Nova est également réalisé. Après l'ajustement, on constate que pour la courbe de l'évolution du déviateur de contrainte, le modèle de Nova est et assez concordant avec les résultats expérimentaux, par contre, pour la courbe de l'évolution de la déformation volumique, le modèle de Nova n'est pas concordant.

Des études de sensibilité ont été réalisées pour compléter la méthodologie de détermination des paramètres de la loi de Nova. On s'aperçoit que les valeurs des paramètres M et μ ont un impact important sur la courbe numérique.

Conclusions générales et perspectives

Conclusion générale et perspectives

Les études menées lors de ces travaux recherche intitulées « Contribution à la modélisation du comportement mécanique du matériau hétérophasé rematérialisé issu d'un mâchefer d'incinération d'ordures ménagères : Valorisation en Génie Civil » ont conduit à caractériser expérimentalement et numériquement le comportement d'un MIOM prélevé dans le Nord de la France.

En France, près de 3 millions de tonnes de MIOM sont produites annuellement ; dont 70 % sont traitées par une cinquantaine d'Installation de Maturation et d'Élaboration et 30 % sont soit valorisés sans passer par les IME, soit éliminés en installation de stockage de déchets non dangereux. La répartition de la production des MIOM est très disparate, près de 50 % des MIOM produits proviennent des régions Ile-de-France, Rhône-Alpes, et Provence-Côte d'Azur. La composition des ordures ménagères – matière première des MIOM varie selon les régions, les zones d'habitat, les saisons et l'importance du tri. Ceci entraîne une grande hétérogénéité des MIOM. Les études se basant sur les caractéristiques chimiques, géotechniques et environnementales des MIOM montrent qu'en complément de la simple maturation, des traitements appropriés, notamment à l'aide de liants hydrauliques, peuvent être envisagés afin d'améliorer les qualités géotechniques et également de réduire le potentiel polluant des MIOM. Actuellement, la valorisation des MIOM peut intéresser plusieurs domaines tels la production de verre, de verre-céramique, de céramique, de ciment, de béton ainsi que le Génie Civil. En Génie Civil, les MIOM sont utilisés pour la réalisation de remblais et couches de chaussées, de parking et en assainissement. En France, les MIOM sont utilisés depuis les années 50. La Circulaire du 9 mai 1994 est une disposition réglementaire type concernant la gestion et l'utilisation des MIOM.

Dans notre travail, différentes lois de comportement en vue d'applications dans le domaine géotechnique sont présentées. Parmi ces lois, la loi de Mohr-Coulomb, la loi de Nova et la loi de Vermeer ont été choisies afin de prédire le comportement des MIOM. Ces lois sont adaptées aux matériaux pulvérulents, en particulier aux matériaux sableux. La loi de Mohr-Coulomb appartient à la famille des lois élastoplastiques parfaites. Alors que la loi de Nova et celle de Vermeer appartiennent à la famille des lois élastoplastiques avec écrouissage. Le nombre de paramètres de ces lois reste assez faible (il est de 5 pour la loi Mohr-Coulomb, de 7 pour celle de Nova et de 5 pour celle de Vermeer). La détermination des paramètres est assez aisée à partir des essais courants. Ces lois ont été implantées dans le progiciel CESAR-LCPC.

L'étude expérimentale de caractérisation des MIOM de la société PréFerNord s'est faite à travers des essais d'identification, des essais œdométriques et des essais triaxiaux consolidés drainés en compression de cisaillement.

Les caractéristiques géotechniques, chimiques et environnementales ont été déterminées pour classifier les MIOM étudiés. Selon la Circulaire du 9 mai 1994, le MIOM étudié correspond aux MIOM de catégorie « V ». Ce MIOM est valorisable en techniques routières et dans d'autres applications semblables. Selon le « Guide technique pour la réalisation des remblais et des couches de forme », le MIOM étudié peut être classé dans la catégorie D21. Ce granulat « mâchefer » pourra être utilisé en remblai ou en couche de forme soit en l'état soit traité avec un liant hydraulique.

Les essais œdométriques réalisés permettent d'approfondir et mieux décrire le comportement mécanique des MIOM et d'autre part, d'apprécier leurs aptitudes au gonflement (indice de gonflement "Cs") et au tassement (indice de compression "Cc"). Tout d'abord, l'analyse de l'évolution de la granulométrie avant et après compactage et immersion montre que le MIOM étudié est stable. Les résultats de l'essai de fragmentabilité et de dégradabilité corroborent ce constat (les MIOM étudiés sont peu fragmentables et peu dégradables). Puis, grâce au protocole mis en place, il a été démontré que les MIOM présentent un comportement élastoplastique avec écrouissage, et que la vitesse de chargement n'a aucun effet sur le comportement mécanique du MIOM. Ce dernier peut être assimilé à un matériau granulaire pulvérulent qui se caractérise par une viscosité négligeable. La comparaison des indices de compressibilité des MIOM avec ceux de l'argile et des marnes montre que le MIOM étudié est non gonflant, et soit compressible soit incompressible selon l'état de compacité. En effet, ce MIOM est non gonflant d'un point de vue mécanique. En revanche d'un point de vue physico-chimique, le MIOM est gonflant à cause de la présence de minéraux gonflants (aluminium, etringite, MgO, CaO). Enfin, l'effet de l'énergie de compactage et de l'immersion sont également évalués. Le compactage influence beaucoup le comportement de compressibilité du MIOM. En revanche, après 24h d'immersion, la différence de déformation des échantillons entre les essais immergés et non immergés est de l'ordre de 1 %, ce qui est négligeable. En réalité, l'effet des conditions extérieures sur la compressibilité est décelable à long terme, pendant des années, et même des dizaines d'années.

Les essais triaxiaux consolidés drainés en compression de cisaillement ont été effectués pour étudier les caractéristiques de déformations et de résistances du MIOM et par ailleurs, pour étudier de façon plus approfondie l'influence de la vitesse de chargement de l'essai sur le comportement mécanique des MIOM.

L'analyse des courbes d'évolution des essais triaxiaux montre que les comportements mécaniques sont analogues à ceux des sables denses. Les valeurs obtenues des caractéristiques de déformation et de résistance (module de Young, coefficient de Poisson, angle caractéristique, angle de dilatance, cohésion et angle de frottement) sont comparables à celles obtenues sur des graves routières (sables). Ces caractéristiques mécaniques réelles pourront être intégrées dans un schéma de dimensionnement spécifique aux structures de chaussées ou de calculs de stabilité des ouvrages à base de MIOM. Quand la pression de confinement effective augmente, le coefficient de Poisson ν et l'angle de dilatance ψ sont presque invariables, mais le module de Young E, la résistance de cisaillement et l'angle caractéristique augmentent. En revanche, les caractéristiques de rupture obtenues montrent que l'angle de frottement interne décroît avec les fortes pressions de confinements effectives.

Les chemins de la variation du déviateur avec la pression moyenne effective sont des droites de pente 1/3 confirmant le comportement drainé des éprouvettes au cours des essais. Le module de déformation aux petites déformations est très grand, il tend ensuite vers une valeur constante. Les résultats montrent également la dépendance du module de déformation avec la pression de confinement effective : plus la pression de confinement effective est grande, plus le module est important. Les points d'état limite sont déterminés selon la méthode de Crook et Graham (1976). L'ensemble des points d'état limite définit la forme de la surface de charge de MIOM étudié. Cet ensemble des points d'état limite est une base importante pour déterminer la surface de charge ainsi que la loi d'écoulement de matériau de type « mâchefer ».

Les résultats des essais triaxiaux montrent aussi que dans les essais drainés, le comportement des MIOM ne dépend que de la pression de confinement effective et pas de la pression interstitielle. Ce résultat est important car il permet de simplifier les simulations des essais triaxiaux drainés des MIOM par des logiciels basés sur la méthode des éléments finis.

D'ailleurs, l'indépendance de la vitesse de chargement sur le comportement des MIOM présente un comportement typique des **matériaux pulvérulents**. L'indépendance de la vitesse de chargement sur le comportement des MIOM implique que nous pouvons consolider ce MIOM rapidement après son installation sur site et il peut donc être utilisé comme grave routière ou dans une sous-couche de fondation superficielle. On en déduit également que le MIOM a une viscosité négligeable et que l'effet du vieillissement est également négligeable. En réalité, la vitesse de chargement choisi ne doit pas engendrer de surpressions interstitielles au cours de l'essai triaxial pour des MIOM, du début à la fin de l'essai. Cependant il n'existe pas encore de recommandations disponibles qui abordent concrètement ce problème. Après quelques séries d'essais préliminaires, la gamme de vitesse de chargement de 0.009 mm/min à 0.144 mm/min (16 fois plus grand) semble être un bon compromis. On pourrait choisir d'autres vitesses de chargement, mais il faut s'assurer préalablement que celles-ci n'induiront pas de surpressions interstitielles. Une vitesse suffisamment lente (mais assez rapide pour cisailler l'échantillon jusqu'au palier d'écoulement) permettra un meilleur équilibre des pressions au cours de l'essai.

Ces constatations couplées avec les résultats des essais géotechniques et des essais œdométriques sur ce type de MIOM permettent de choisir les modèles de comportement élastoplastique avec écrouissage pour modéliser le comportement mécanique des MIOM.

Dans la partie « modélisation numérique », la simulation numérique effectuée a permis de valider le modèle Mohr-Coulomb et le modèle Nova sur le MIOM étudié. Cette simulation a été réalisée à l'aide du module MCNL de progiciel CESAR.

Les essais triaxiaux effectuant sont modélisés avec la loi Mohr-Coulomb. La comparaison entre l'expérimentation et la simulation montre que le modèle de Mohr-Coulomb reproduit qualitativement le comportement expérimental obtenu, mais pas d'une manière excellente. Des différences certaines sont établies quantitativement, en termes de module d'élasticité initial, de résistance au cisaillement et de contractance / dilatance. Pour les courbes d'évolution du déviateur, la loi de Mohr-Coulomb ne nous a pas permise de simuler la concavité observée expérimentalement. Les simulations conduisent à sous-estimer ou surestimer la valeur du déviateur à la rupture, ce qui dépend de la pression de confinement effective. Les résultats expérimentaux et simulations divergent assez largement quand il s'agit des évolutions de volume ε_v. En effet, les simulations indiquent que la loi Mohr-Coulomb surestime largement la dilatance sous cisaillement. Les résultats du processus de l'optimalisation des paramètres du modèle Mohr-Coulomb montrent que la simulation avec les paramètres de l'option « transition état élastique – état plastique assurée par l'évolution de la déformation volumique » est plus proche du résultat expérimental au niveau de la déformation volumique maximale. Des études de sensibilité sont également réalisées. Les variations de chaque paramètre modifient au moins une courbe numérique (cisaillement ou volume).

Les essais triaxiaux avec une phase de déchargement - rechargement sont effectués et modélisés avec la loi de Nova. Une méthodologie simple et de mise en œuvre rapide a été utilisée pour déterminer les paramètres de la loi de Nova. Selon le principe de cette méthodologie, il y a deux approches pour calculer L_0. Cependant, les résultats de la simulation de deux approches sont presque similaires. La comparaison entre l'expérience et la simulation montre que le modèle de Nova reproduit assez bien le comportement expérimental obtenu et plus particulièrement le déviateur à la rupture. Des différences sont notables pour l'évolution du déviateur de contrainte au niveau des modules initiaux qui surestime les modules mesurés et la concavité de la courbe. L'analyse des courbes de l'évolution de déformation volumique montre que le modèle de Nova surestime largement la dilatance. L'ajustement des paramètres de la loi de Nova est également réalisé. Après l'ajustement, on constate que pour la courbe de l'évolution du déviateur de contrainte, le modèle de Nova est en assez bon accord avec les résultats expérimentaux mais pour la courbe de l'évolution de déformation volumique, le modèle de Nova n'est pas en bon accord. Les études de sensibilité ont été aussi réalisées. Ces études complètent la méthodologie de détermination des paramètres de la loi de Nova. On s'aperçoit que les valeurs des paramètres M et μ ont un impact important sur la courbe numérique.

En continuité de ce travail, un certain nombre de perspectives sont énumérées ci-dessous :

- Les MIOM sont des matériaux très hétérogènes. Leur composition dépend de la nature de l'incinérateur et de la constitution des ordures ménagères qui diffèrent selon les régions et les saisons. Les travaux effectués dans cette thèse (essais d'identification, essais œdométriques, essais triaxiaux, modélisation numérique) ne concernent qu'un seul type de MIOM. Il serait donc intéressant d'appliquer notre démarche sur un autre type de MIOM et de vérifier les modèles utilisés.

- Les paramètres en petites déformations en particulier le module de Young tiennent un rôle prépondérant pour la compréhension du comportement des sols en interaction avec les ouvrages. L'idée est de tenter d'étudier les paramètres en petites déformations pour mieux comprendre le comportement mécanique des MIOM ;

- Évaluation de l'anisotropie des MIOM ;

- Application des modèles sur des MIOM traités ;

- Avec les lois de comportement élastoplastique parfait (par exemple, la loi de Mohr-Coulomb), pour décrire le palier de plasticité, la simulation de la phrase de cisaillement en déplacements est obligatoire. Mais avec les lois de comportement élastoplastiques avec écrouissage (par exemple, la loi de Nova), la simulation de la phase de cisaillement peut être réalisée soit en déplacements imposés soit en contraintes imposées. Dans notre travail, on simule la phase de cisaillement en déplacements imposés pour la loi de Nova. Il serait donc intéressant de simuler la phase de cisaillement en contraintes imposés et de comparer les résultats.

- Simuler des essais triaxiaux avec la loi de Vermeer.

Liste des figures

Liste des tableaux

Références bibliographiques

Abdallah N., 1997. Contribution à la modélisation numérique d'une section courante de tunnel à faible couverture. Thèse de doctorat de l'Université de Nantes et de l'École centrale de Nantes, 1997, 124 pages.

Abriak N. E., 1989. Mécanique des milieux granulaires. Étude bibliographique de l'École des Mines de Douai.

Abriak N. E., 1995. La rhéologie. Étude bibliographique de l'École des Mines de Douai.

ADEME BRGM, 2008. Mâchefers d'incinération des ordures ménagères. État de l'art et perspectives.

ADEME ITOM, 2002. Enquête sur les installations de traitement es déchets ménagers et assimilés en 2002.

ADEME ITOM, 2004. Les installations de traitement des ordures ménagères.

ADEME ITOM, 2006. Les installations de traitement des ordures ménagères.

ADEME ITOM, 2008. Les installations de traitement des ordures ménagères.

ADEME, 1998. Atlas des déchets en France.

Apprendino P., Ferraris M., Matekovits I., Salvo M., 2004. Production of glass-ceramic bodies from the bottom ashes of municipal solid waste incinerators. Journal of the European Ceramic Society 24 (2004) 803-810.

Arafati N., 1996. Contribution à la modélisation du déchargement des massifs de sol. Thèse de doctorat de l'École nationale des Ponts et Chaussées, 1996, 232 pages.

Arickx S., Gerven T. V., Boydens E., L'hoëst P., Blanpain B., Vandecasteele C., 2008. Speciation of Cu in MSWI bottom ash and its relation to Cu leaching. Applied Geochemistry 23 (2008) 3642-3650.

Arickx S., Gerven T. V., Knaepkens T., Hindrix K., Evens R., Vandecasteele C., 2007. Influence of treatment techniques on Cu leaching and different organic fractions in MSWI bottom ash leachate. Waste Management 27 (2007) 1422-1427.

Arrêté 20/09/02. Arrêté du 20/09/02 relatif aux installations d'incinérations et de co-incinération de déchets dangereux.

Arrêté 25/01/91. Arrêté du 25/01/91 relatif aux installations d'incinération de résidus urbains.

Auriol J. C., Debrandère G., Delowee J., Devaux P., Kergoët M., Rengeard D., 1999. L'emploi en technique routière des mâchefers d'incinération d'ordures ménagères : quelques observations et recommandations en retour d'expérience. CD KL, XXIème congrès international de la route, Kuala Lumpur, 3-9 octobre 1999, 7pages.

Badreddine R., François D., 2008. Assessment of the PCDD/F fate from MSWI residue used in road construction in France. Chemosphere (2008).

Bahda F., 1997. Étude du comportement du sable à l'appareil triaxial : expérience et modélisation. Thèse de doctorat de l'École nationale des Ponts et Chaussées, 1997, 243 pages.

Becquart F., 2006. Caractérisation du comportement mécanique d'un mâchefer dans la perspective d'un méthodologie de dimensionnement adaptée aux structures de chaussées. Proceeding in the XXIVèmes Rencontres Universitaires de Génie Civil 2006 – Prix Jeunes Chercheurs.

Becquart F., 2007. Première approche du comportement mécanique d'un milieu granulaire issu d'un mâchefer d'incinération d'ordures ménagères : valorisation en technique routière. Thèse de doctorat, Université des Sciences et Technologie de Lille, 177 pages.

Becquart F., Bernard F., Abriak N. E., Zentar R., 2008. Monotonic aspects of the mechanical behaviour of bottom ash from municipal solid waste incineration and its potential use for road construction. Waste Management 2008.

Becquart F., Zentar R., Abriak N. E., 2007. Comportement mécanique au triaxial d'un matériau granulaire issu d'un mâchefer d'incinération d'ordures ménagères. Proceeding of the 25e Rencontres de l'QUGC, 23-25 mai 2007, Bordeaux.

Bense P., Hauza P., 2001. Possibilités offertes par le traitement des MIOM à l'émulsion de bitume. In : MIOM 2001, Quel avenir pour les MIOM ? Colloque, 16-17 et 18 Octobre 2001 au BRGM, à Orléans, France, 65-69.

Bernard F., Abriak N. E., 2003. Étude physique, géotechnique, et mécanique d'un mâchefer d'incinération d'ordures ménagères.

Bethanis S., Cheeseman C. R., Sollars C. J., 2002. Properties and microstructure of sintered incinerator bottom ash. Ceramics International 28 (2002) 881-886.

Biarez J., Hicher P. Y., 1990. Lois de comportement des sols remaniés et des matériaux granulaires : approche expérimentale modélisation mécanique. Notes de cours pour le DEA « mécanique des sols et structures », École centrale de Paris.

Birgisdottir H., Bhander G., Hauschild M. Z., Christensen T. H., 2007. Life cycle assessment of disposal of residues from municipal solid waste incineration: Recycling of bottom ash in road construction or landfilling in Denmark evaluates in the ROAD-RES model. Waste Management 27 (2007) S75-S84.

Boisseau P., 2001. Le gisement des MIOM en France: le parc d'usines, les grandes tendances, incinération, résidus produits, résidus valorisés. Colloque : Quel avenir pour les MIOM? 16-18 Octobre 2001, Orléans : BRGM, 2001, p. 1-5.

BRGM, 1998. Évolution chimique et minéralogique des mâchefers d'incinération d'ordures ménagères au cours de la maturation.

Callaud M., 2004. Cours de mécanique des sols. Institut International d'Ingénierie de l'Eau et de l'Environnement, 137 pages.

Caroline C., 2000. Étude expérimentale du gonflement des Mâchefers d'Incinération d'Ordures Ménagères traités aux liants hydrauliques. Thèse de doctorat, Université des Sciences et Techniques de Lille, 144 pages.

CESAR-LCPC, 1989. CESAR-LCPC, Un code général de calcul par éléments finis. Bulletin liaison LPC – 160- février-mars 1989.

CESAR-LCPC, 2002a. CESAR-LCPC version 4.0, Manuel de référence du solveur. Lcpc – Itech 2002.

CESAR-LCPC, 2002b. CESAR-LCPC version 4.0, Manuel de référence CLEO2D. Lcpc – Itech 2002.

CESAR-LCPC, 2002c. CESAR-LCPC version 4.0, Manuel de référence CLEO3D. Lcpc – Itech 2002.

CESAR-LCPC, 2005. CESAR-LCPC, un progiciel de calcul dédié au génie civil. Bulletin des LPC -256-267 Juillet-Août-Septembre 2005 –RRF. 4573- pp. 7-37.

Cheeseman C. R., Rocha S. M. D., Sollars C., 2003. Ceramic processing of incinerator bottom ash. Waste Management 23 (2003) 907-916.

Chen C. H., Chiou I. J., 2007. Distribution of chloride ion in MSWI bottom ash and de-chlorination performance. Journal of Hazardous Materials 148 (2007) 346-352.

Chimenos J. M., Fernandez A. I., Mirailles L., Segarra M., Espiell F., 2003. Short-term natural weathering of MSWI bottom ash as a function of particle size. Waste Management 23 (2003) 887-895.

Chimenos J. M., Segarra M., Fernandez M., Espiell F., 1999. Characterization of the bottom ash in municipal solid waste incinerator. Journal of Hazardous Materials A:64 (1999) 211-222.

Chimenos J. M., Fernandez A. I., Nadal R., Espiell F., 2000. Short-term natural weathering of MSWI bottom ash. Journal of Hazardous Materials B79 (2000) 287-299.

Circulaire 09/05/1994. Circulaire du 09/05/1994 du ministère de l'Environnement, relative à l'élimination des mâchefers d'incinération des résidus urbains.

Cordary D., 1994. Mécanique des sols. Editions Tec et Doc – Lavoisier, 1994, 380 pages.

Crook J. H. A., Graham J., 1976. Geotechnical properties of the Belfast estuarine deposits. Géotechnique 26, No. 2, 293-315.

Direction des routes, 2003. Les déchets et la Route. Document du travail, mars 2003.

Djiele L. P., 1996. Étude de la stabilisation d'un mâchefer aux liants hydrauliques. DEA de Génie Civil, École des Mines de Douai, USTL de Lille (1996).

Dolzhenko N., 2002. Étude expérimentale et numérique de modèle réduit bidimensionnel du creusement d'un tunnel. Développement d'une loi de comportement spécifique. Thèse de doctorat de l'Insa de Lyon, 299 pages.

Duncan J. M., Byrne P., Wong K. S., Mabry P., 1980. Strength, stress-strain and bulk modulus parameters for finite element analysis of stresses and movements in soil masses. Report No. UCB/GT/80-01, University of California Berkeley, Calif.

Duncan J. M., Chang C. Y., 1970. Nonlinear analysis of stress and strain in soils. Journal of the Soil Mechanics and Foundation Division, ASCE, Vol. 96, pp. 1629-1653.

Evesque P., 2000. Eléments de mécanique quasi-statique des milieux granulaires mouillés ou secs. Mécanique des milieux granulaires, 157 pages.

Eymael M. M. T., Wijs W. D., Mahadew D., 1994. The use of MSWI bottom ash in asphalt concrete. Environment Aspects of Construction with Waste Materials.

Fayet T., 1999. Contribution à la modélisation des matériaux élastoplastiques écrouissables ; application aux sols. Thèse de doctorat de l'École centrale de Paris, 159 pages.

Fernandes M. H. V., 2008. Characterization of MSWI bottom ashes towards utilization as glass raw material. Waste Management 28 (2008) 1119-1125.

Forteza R., Far M., Segui C., Cerda V., 2004. Characterization of bottom ash in municipal solid waste incinerators for its use un road base. Waste Management 24 (2004) 899-909.

François D., 2001. Retour d'expérience en construction routière : évaluation du comportement environnemental et mécanique de MIOM dans des chaussées sous trafic. In : MIOM 2001, Quel avenir pour les MIOM ? Colloque, 16-17 et 18 Octobre 2001 au BRGM, à Orléans, France.

François D., Legret M., Demare D., Fraquet P., Berga P., 2000. Comportement mécanique et environnemental de deux chaussées anciennes réalisées avec des mâchefers d'incinération d'ordures ménagères. Bulletin des laboratoires des Ponts et Chaussées No 227, p. 15-30.

Gaboriau H., Hau J. M., 1999. Adding clay to bottom ash after MSW incineration to stabilize the leachable lead fraction. In Stal des Déchets et Environnement 99, Posters.

Gabrysiak F.. Les granulats. Académide de Nancu – Metz, Strasbourg, 27 pages.

Gerven T. V., Keer E. V., Arickx S., Jaspers M., Wauters G., Vandecasteele C., 2005. Carbonation of MSWI-bottom ash to decrease heavy metal leaching, in view of recycling. Waste Management 25 (2005) 291-300.

Gharib J. E., Debruyne G., 2005. Loi de comportement Cam-Clay. Manuel de Référence, Fascicule R7.01 : Modélisations pour le Génie Civil et les géomatériaux.

Goacolou H., 2001 ; Amélioration de la qualité des MIOM : jusqu'où et pour quels débouchés? In : MIOM 2001, Quel avenir pour les MIOM ? Colloque, 16-17 et 18 Octobre 2001 au BRGM, à Orléans, France, 23-32.

Graham J., Noonan M. L. et Lew K. V., 1983. Yield states and stress – strain relationships in a natural plastic clay. Can Geotech J 20, 502-516.

Grannel B., Eighmy T., Krzanowski J., Eusden J., Shaw E., Francis C., 2000. Heavy metal stabilization in municipal solid waste combustion bottom ash using soluble phosphate. Waste Management, 20, p. 135-148.

GTIF, 2003. Guide technique pour l'utilisation des matériaux régionaux d'Ile-de-France. Catalogue des structures de chaussées. Décembre 2003.

Guide Nord Pas-de-Calais. Guide technique régional relatif à la valorisation des mâchefers d'incinération d'ordures ménagères.

Guide Rhône-Alpes, 2004. Guide d'utilisation en travaux publics : graves de recyclage. Graves recyclées de démolition et de mâchefer, 2004.

Guimaraes A. L., Okuda T., Nishijima W., Okada M., 2005. Chemical extraction of organic carbon to reduce the leaching potential risk from MSWI bottom ash. Journal of Hazardous Materials B125 (2005) 141-146.

Hjelmar O., 1996. Waste Management in Denmark. Waste Management, Vol. 16, Nos 5/6, pp. 389-394, 1996.

Hjelmar O., Holm J., Crillesen K., 2007. Utilization of MSWI bottom ash as sub-base in road construction: First results from a large-scale test site. Journal of Hazardous Materials A 139 (2007) 471-480.

Hornych P., Kazai A., Quibel Q., 1998. Study of the resilient behaviour of unbound granular materials, Proc. 5th Conference on Bearing Capacity of Roads and Airfields, Trondheim, Norway, July 1998, vol 3, pp. 1277-1287.

Ibanez R., Andrés A., Viguiri J. R., Ortiz I., Irabien J. A., 2000. Characterization and management of incinerator wastes. Journal of Hazardous Materials A79 (2000) 215-227.

Janbu N., 1963. Soil compressibility as determined by oedometer and triaxial tests. Proceedings of European Conference on Soil Mechanics and Foundation Engineering (ECSMFE), Wiesbaden, Vol. 1, p. 19-25.

Joar K. O., Elin G., Amund M., 2005. Mass-balance estimation of heavy metals and selected anions at a landfill receiving MSWI bottom ash and mixed construction wastes. Journal of Hazardous Materials A 123 (2005) 70-75.

Johnson C. A., Kersten M., Ziegler F., Moor H. C., 1996. Leaching behaviour and solubility controlling solid phases of heavy metals in municipal solid waste incinerator ash. Waste Management, Vol. 16, Nov 1-3, pp. 129-134, 1996.

Kondner R. L., 1963. Hyperbolic stress-strain response: cohesive soils. Journal of the Soil Mechanics and Foundation Division, ASCE, Vol. 89, pp. 115-143.

Kuo J. H., Tseng H. H., Rao P. S., Zey M. Y., 2008. The prospect and development of incinerators for municipal solid waste treatment and characteristics of their pollutants in Taiwan. Applied Thermal Engineering 28 (2008) 2305-2314.

Lac C., 1996. La problématique. Conférence Mâchefer et REFIOM, retours d'expérience et perspectives de traitement, Pollutec, publication ATTE, 96, p. 42-58.

Lapa N., Barbosa R., Morais J., Mendes B., Méhu J., Oliveira J. F. S., 2002. Ecotoxicological assessment of leachates from MSWI bottom ashes. Waste Management 22 (2002) 583-593.

Lefebre J., 1998. Étude du gonflement des mâchefers traités aux liants hydrauliques. DEA de Génie Civil, École des Mines de Douai, USTL de Lille (1998).

Lérau J., 2005. Géotechnique 1. Cours de l'INSA de Toulouse.

Lin C. F., Wu C. H., Liu Y. C., 2007. Long-term leaching test of incinerator bottom ash: Evaluation of Cu partition. Waste Management 27 (2007) 954-960.

Liu Y., Li Y., Li X., Jiang Y., 2008. Leaching behavior of heavy metals and PAHs from MSWI bottom ash in a long-term static immersing experiment. Waste Management 28 (2008) 1126-1136.

Lo H. M., 2005. Metals behaviors of MSWI bottom ash co-digested Anaerobically with MSW. Ressources, Conservation and Recycling 43 (2005) 263-280.

Loret B., 1981. Formulation d'une loi de comportement élastoplastique des milieux granulaires. Thèse de doctorat, École national de Pont et de Chaussée de Paris, 214 pages.

Luong M. P., 1980. Phénomène cyclique dans les sols pulvérulents. Revue Française de Géotechnique, n10, page 39-53.

Magnan J. P., 1991. Résistance au cisaillement. Techniques de l'ingénieur. Mécaniques des sols.

Magnan J. P., Mestat P., 1997. Lois de comportement et modélisation des sols. Structure et gros œuvre, référence C 218, 1997.

Maria A., 2004. Variation in deformation properties of processed MSWI bottom ash: results from triaxial tests. Waste Management 24 (2004) 1035-1042.

Meddah A., 2008. Étude du comportement d'un sable de dune sous sollicitations triaxiales. Thèse de doctorat de l'Université de M'SILA. 130 pages.

Meima J. A., Comans R. N. J., 1997. Overview of geochemical processes controlling leaching characteristics of MSWI bottom ash. Waste Materials in Construction : Putting Theory into Practice.

Meima J. A., Comans R. N. J., 1999. The leaching of trace elements from municipal solid waste incinerator bottom ash at different stages of weathering. Applied Geochemistry 14 (1999) 159-171.

Meima J. A., Weijden R. D. V. D., Eighmy T. T., Comans R. N. J., 2002. Carbonation process in municipal solid waste incinerator bottom ash and their effect on the leaching of copper and molybdenum. Applied Geochemistry 17 (2002) 1503-1513.

Mestat P., Riou Y., 2001. Méthodologie de détermination des paramètres pour la loi de comportement élastoplastique de Vermeer et simulations d'essais de mécanique des sols. Bulletin de LPC No 235 Novembre-Décembre 2001, REF. 4392, pp. 19-39.

Mestat P., 1990. Méthodologie de détermination des paramètres des lois de comportement à partir d'essais triaxiaux conventionnels, Rapport interne LPC, 1990, FAER, 1.16.21.0.

Mestat P., 1992. Étude du comportement des sables sous sollicitations homogènes. Mémoire de DEA d'Emile Youssef (École Centrale de Paris), 169 pages.

Mestat P., 1993. Lois de comportement des géomatériaux et modélisation par la méthode des éléments finis. ERLPC Série géotechnique, ISSN 1157-3910, mars 1993, 193 pages.

Mestat P., 2000. De la rhéologie des sols à la modélisation des ouvrages géotechniques. ERLPC Série géotechnique, ISSN 1157-3910, mars 2000, 226 pages.

Mestat P., Arafati N., 2000. Modélisation des sables avec la loi de Nova : détermination des paramètres et influence sur les simulations. Bulletin de LPC 225 mars-avril 2000, REF. 4315, pp. 21-40.

Mestat P., Humbert P., 2001. Référentiel de tests pour la vérification de la programmation des lois de comportement dans les logiciels d'éléments finis. Bulletins des LPC -230.

Monteiro R. C. C., Figueiredo C. F., Alendouro M. S., Ferro M. C., Davim E. J. R., Fernandes M. H. V., 2008. Characterization of MSWI bottom ashes towards utilization as glass raw material. Waste Management 28 (2008) 1119-1125.

NF ISO 13320-1. Sols : reconnaissance et essais. Analyse granulométrie. Méthode par diffraction laser. Partie 1 : principes généraux.

NF P 11-300. Exécution des terrassements. Classification des matériaux utilisables dans la construction des remblais et des couches de forme d'infrastructures routières.

NF P 18-572. Granulats. Essai d'usure Micro-Deval.

NF P 18-573. Granulats. Essai Los Angeles.

NF P 18-598. Granulats. Equivalent de sable.

NF P 94-050. Sols : reconnaissance et essais. Détermination de la teneur en eau pondérale des sols.

NF P 94-056. Sols : reconnaissance et essais. Analyse granulométrie. Méthode par tamisage à sec après lavage.

NF P 94-066. Sols : reconnaissance et essais. Coefficient de fragmentabilité des matériaux rocheux.

NF P 94-067. Sols : reconnaissance et essais. Coefficient de dégradabilité des matériaux rocheux.

NF P 94-068. Sols : Mesure de la quantité et de l'activité de la fraction argileuse. Détermination de la valeur de bleu de méthylène d'un sol par l'essai à la tâche.

NF P 94-074. Sols : reconnaissance et essais. Essai à l'appareil triaxial de révolution. Appareillage – Préparation des éprouvettes – Essai (UU) non consolidé non drainé – Essai (CU + u) consolidé non drainé avec mesure de pression interstitielle – Essai (CD) consolidé drainé.

NF P 94-078. Sols : reconnaissance et essais. Indice CBR après immersion - Indice CBR immédiat – Indice Portant Immédiat. Mesure sur l'échantillon compacté dans le moule CBR.

NF P 94-093. Sols : Reconnaissance et essais. Détermination des caractéristiques de compactage d'un sol.

NF P 98 115. Exécution des corps de chaussées – Constituants – Composition des mélanges et formulation – Exécution et contrôle.

NF XP X 31-210. Déchets. Essais de lixiviation d'un déchet solide initialement massif ou généré par un procédé de solidification.

NF XP X 31-210. Déchets. Essais de lixiviation d'un déchet solide initialement massif ou généré par un procédé de solidification.

Nguyen Pham T. T., 2008. Étude en place et au laboratoire du comportement en petites déformations des sols argileux naturels. Thèse de doctorat de l'École national des Ponts et Chaussées, 216 pages.

Nguyen T. L., 2008. Étude expérimentale de la loi d'écoulement de matériaux anisotropes transverses. Thèse de doctorat de l'École national des Ponts et Chaussées, 181 pages.

Note SETRA, 1997. Note d'information : Utilisation des mâchefers d'incinération d'ordures ménagères en technique routière. SETRA- CSTR, Août 1997.

NP P 94-093. Sols : reconnaissance et essais. Essai œdométrique. Partie 1 : Essai de compressibilité sur matériaux fins quasi saturés avec chargement par palier.

OFRIR, 2006. Le projet OFRIR (Observatoire Française du Recyclage dans les Infrastructures Routières), Mâchefer d'incinération. Mise en ligne Mars 2006. Site : http://ofrir.lcpc.fr/portail_lcpc/html/accueil/accueil_articles_theme.php

Pan J. R., Huang C., Kuo J. J., Lin S. H., 2008. Recycling MSWI bottom and fly ash as raw materials for Portland cement. Waste Management 28 (2008) 1113-1118.

Pera J., Coutaz L., Ambroisse J., Chababbet M., 1997. Use of incinerator bottom ash in concrete. Cement and Concrete Research, Vol. 27, No. 1, pp. 1-5, 1997.

Piantone P., 2004. Mâchefers d'incinération : un nouveau matériau pour le développement durable. Fiche de synthèse scientifique No 5- Février 2004.

Prat M., 1995. La modélisation des ouvrages AFPC. Emploi des éléments finis en génie civil.

Qiao X. C., Ng B. R., Tyrer M., Poon C. S., Cheeseman C. R., 2008. Production of lightweight concrete using incinerator bottom ash. Construction and building Materials 22 (2008) 473-480.

Qiao X. C., Tyrer M., Poon C. S., Cheeseman C. R., 2008. Characterization of alkali-actived thermally treated incinerator bottom ash. Waste Management 28 (2008) 1955-1962.

Reiffsteck P., 2002. Nouvelles technologies d'essai en mécanique des sols : État de l'art. Compte – rendu de Symposium international Identification et détermination des paramètres des sols et des roches pour les calculs géotechniques PARAM 2002, Presses de l'ENPC/LCPC, Paris, pp. 201-242.

Rendek E., Ducom G., Germain P., 2006. Carbon dioxide sequestration in municipal solid waste incinerator (MSWI) bottom ash. Journal of Hazardous Materials B128 (2006) 73-79.

Rendek E., Ducom G., Germain P., 2007. Assessment of MSWI bottom ash organic carbon behavior: A biophysicochemical approach. Chemosphere 67 (2007) 1582-1587.

Riou Y., Chambon P., 1996. An elastoplastic analysis of 3D ground movements : numerical and centifuge models. Proceeding of the 4th European Conference on Numerical Methods to Geotechnical Engineering – NUMGE98. Udine, Italy, 14-16 octobre 1998, pp. 181-190.

Sabbas T., Polettini A., Pomi R., Astrup T., Hjelmar O., Mostbauer P., Cappai G., Magel G., Salhofer S., Speiser C., Heuss-Assbichler S., Klein R., Lechner P., 2001. Management of municipal solid waste incineration residues. Waste Management 23 (2003) 61-88.

Schlosser F., 1988. Eléments de mécanique des sols. Cours de l'École nationale des Ponts et Chaussées, 276 pages.

Schofield A., Worth P., 1968. Critical state soil mechanics, Mc Graw Hill, London, 310 pages.

SETRA-LCPC, 2000. Guide technique SETRA D9233-1. Réalisation des remblais et des couches de forme. Fascicule I.

Shih P. H., Chang J. E., Chiang L. C., 2003. Replacement of raw mix in cement production by municipal solid waste incineration ash. Cement and Concrete Research 33 (2003) 1831-1836.

Shim Y. S., Kim Y. K., Kong S. H., Rhee S. W., Lee W. K., 2003. The adsorption characteristics of heavy metals by various particle sizes of MSWI bottom ash. Waste Management 23 (2003) 851-857.

Sia M., 2000. Composition of Organic Matter in Bottom Ash from MSWI. Waste Materials in Construction.

Silkowski M. A., Smith S. R., Plewa M. J., 1992. Analysis of the genotoxicity of municipal solid waste incinerator ash. The Science of the Total Environment, 11 (1992) 109-124.

Svensson M., Berg M., Ifwer K., Sjöblom R., Ecke H., 2007. The effect of isosaccharinic acid (ISA) on the mobilization of metals in municipal solid waste incineration (MSWI) dry scrubber residue. Journal of Hazardous Materials 144 (2007) 477-484.

Tadjbakhsh S., Frank R., 1985. Étude par la méthode des éléments finis du comportement élastoplastique de sols dilatants. Application aux pieux sous charge axiale. Rapport de LPC No 135, février 1985.

UNICEM, 2005. « L'exploitation des granulats marins ». Nicolas Villiers – UNICEM novembre 2005.

UNPG, 2007. « Union Nationale des Producteurs de Granulats, Carrières et développement durable ». UNICEM : 2007, p75.

Woolley G. R., 1994. State of the art report use of materials in construction – technological development. Environmental Aspects of Construction with Waste Materials.

Zaki S. K., 1989. Apport des modèles élastoplastiques et incrémentaux aux calculs des ouvrages de soutènement. Thèse de doctorat de l'Université de Nantes ; 166 pages.

Zevenbergen C., Reeuwijk L. P. V., Bradley J. P., Comans R. N. J., Schuiling R. D., 1998. Weathering of MSWI bottom ash with emphasis on the glassy constituents. Journal of Geochemical Exploration 62 (1998), 293-298.

Annexes

Annexe 1 :
Résultats de l'analyse de sensibilité aux paramètres de la loi de Mohr-Coulomb

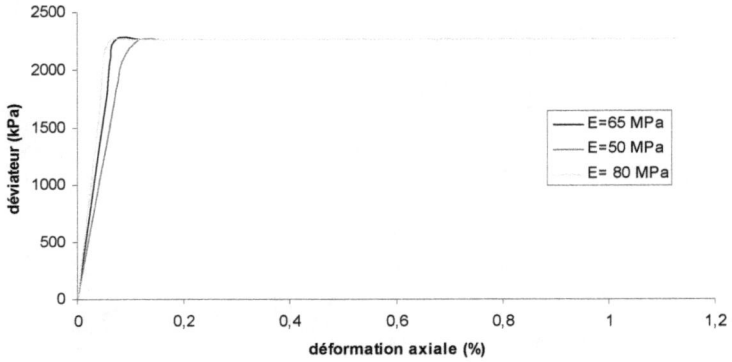

Figure A1.1 : Influence de E sur la courbe (q, ε_1)

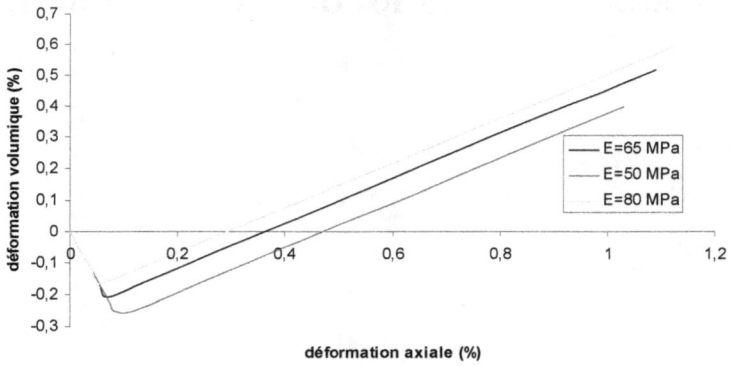

Figure A1.2 : Influence de E sur la courbe $(\varepsilon_v, \varepsilon_1)$

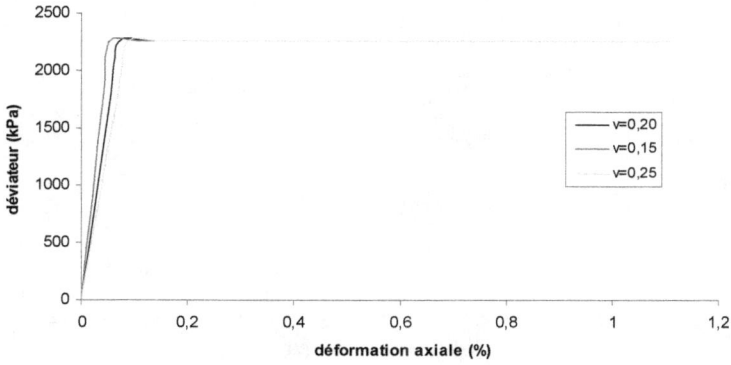

Figure A1.3 : Influence de ν sur la courbe (q, ε_1)

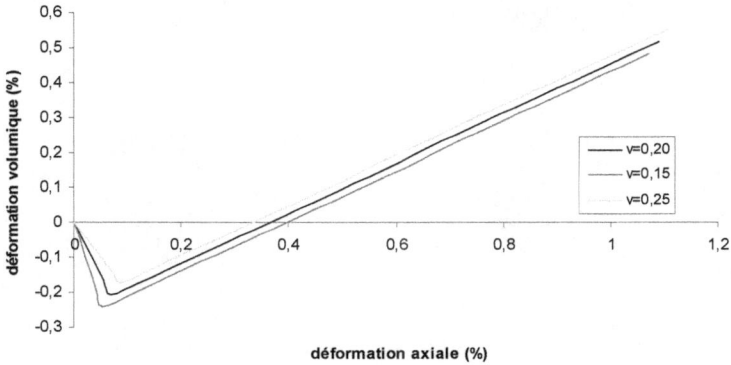

Figure A1.4 : Influence de ν sur la courbe $(\varepsilon_\nu, \varepsilon_1)$

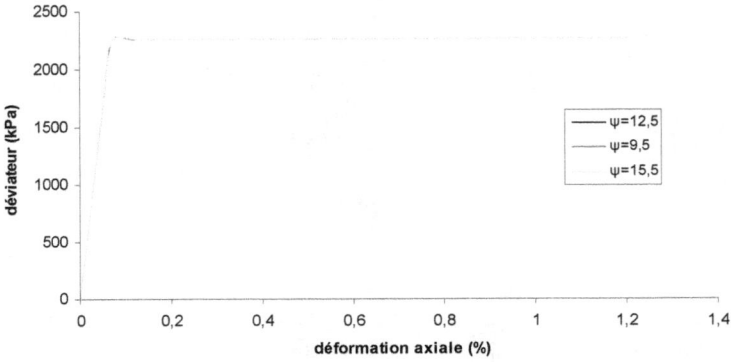

Figure A1.5 : Influence de ψ sur la courbe (q, ε_1)

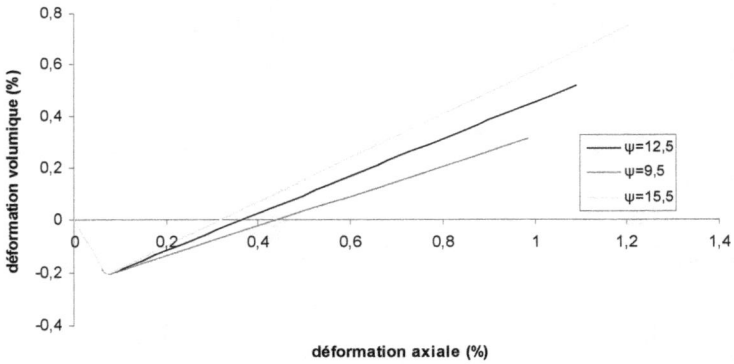

Figure A1.6 : Influence de ψ sur la courbe $(\varepsilon_v, \varepsilon_1)$

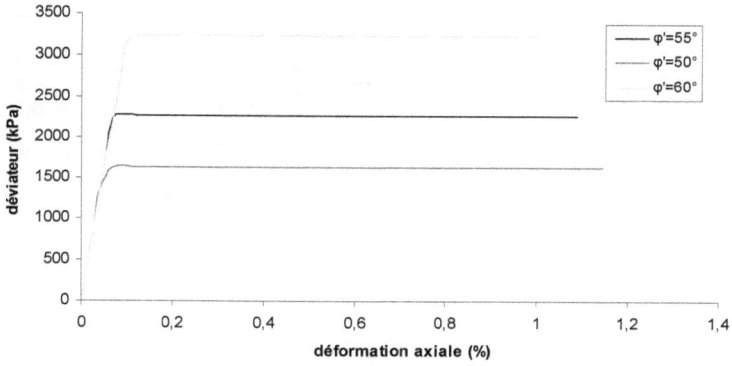

Figure A1.7 : Influence de φ sur la courbe (q, ε_1)

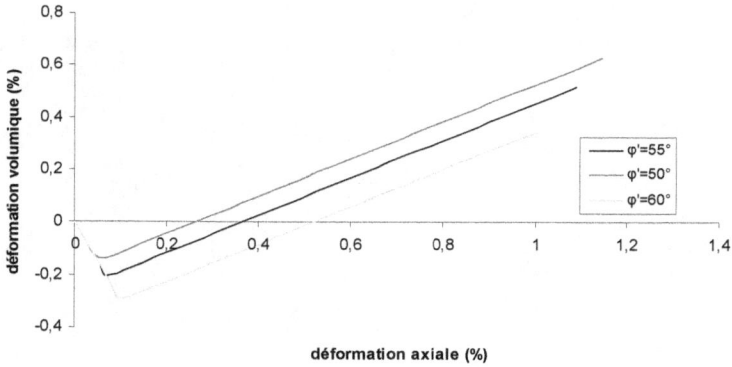

Figure A1.8 : Influence de φ sur la courbe $(\varepsilon_v, \varepsilon_1)$

293

Annexe 2 :
Résultats de l'analyse de sensibilité aux paramètres de la loi de Nova

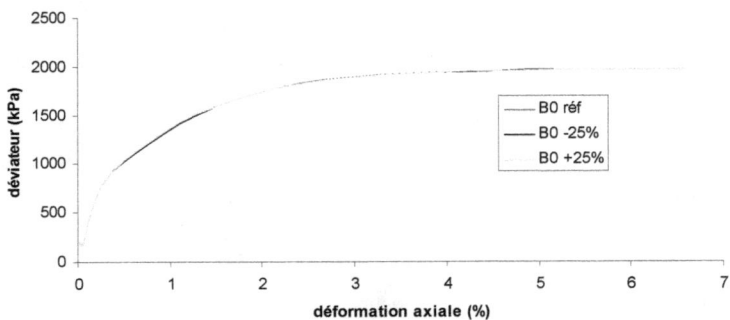

Figure A2.1 : Influence de B_0 **sur la courbe** (q, ε_1)

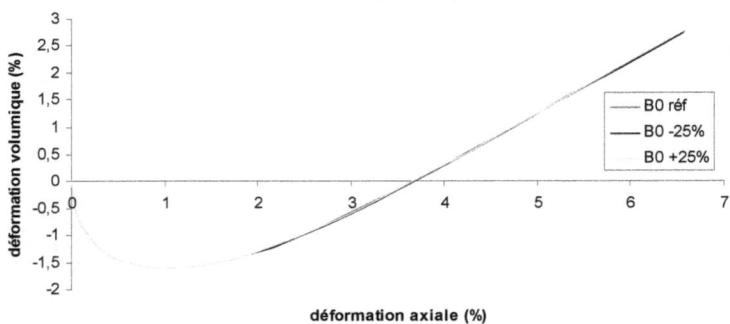

Figure A2.2 : Influence de B_0 **sur la courbe** $(\varepsilon_v, \varepsilon_1)$

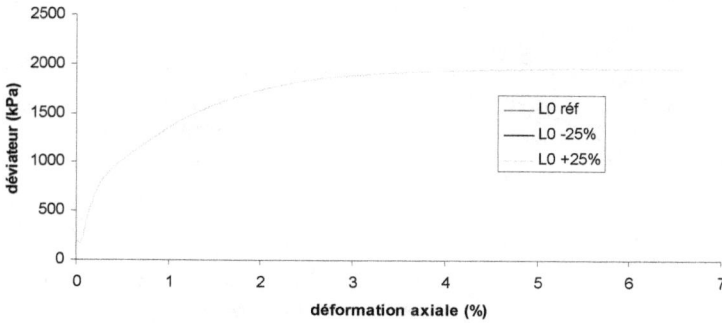

Figure A2.3 : Influence de L_0 sur la courbe (q, ε_1)

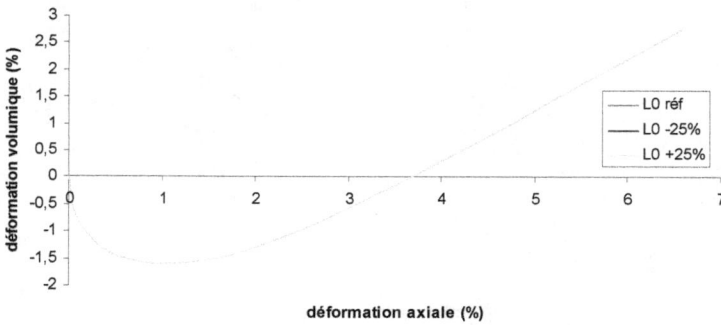

Figure A2.4 : Influence de L_0 sur la courbe $(\varepsilon_v, \varepsilon_1)$

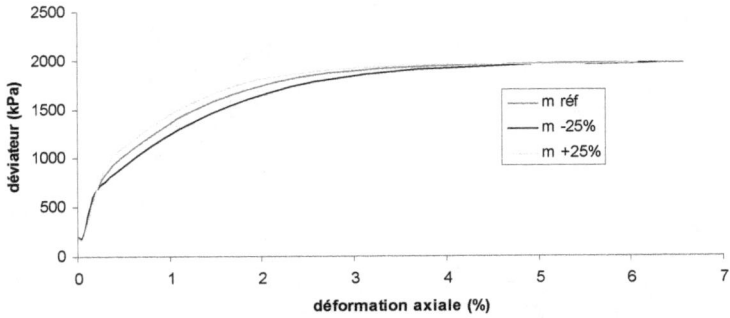

Figure A2.5 : Influence de m **sur la courbe** (q, ε_1)

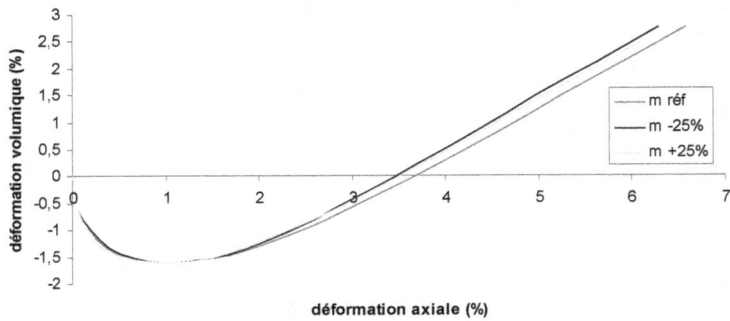

Figure A2.6 : Influence de m **sur la courbe** $(\varepsilon_v, \varepsilon_1)$

298

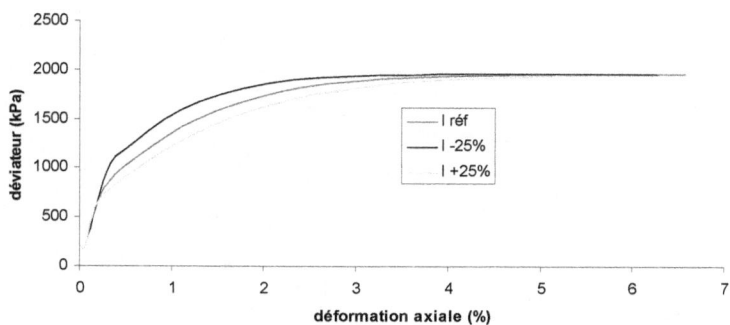

Figure A2.7 : Influence de l **sur la courbe** (q, ε_1)

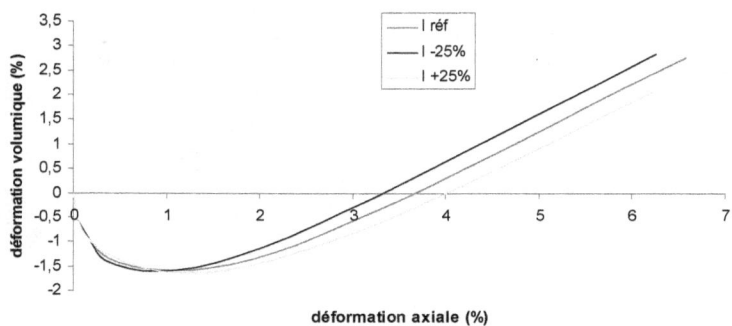

Figure A2.8 : Influence de l **sur la courbe** $(\varepsilon_v, \varepsilon_1)$

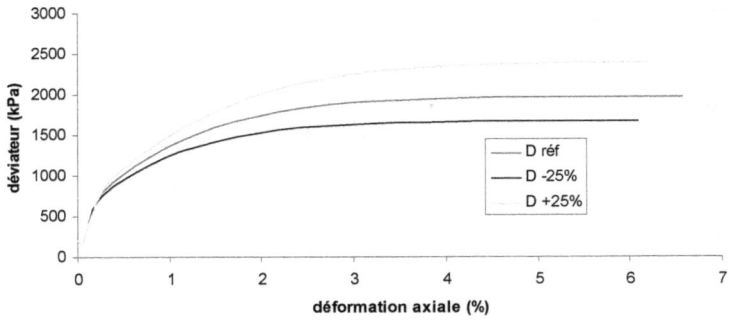

Figure A2.9 : Influence de D **sur la courbe** (q, ε_1)

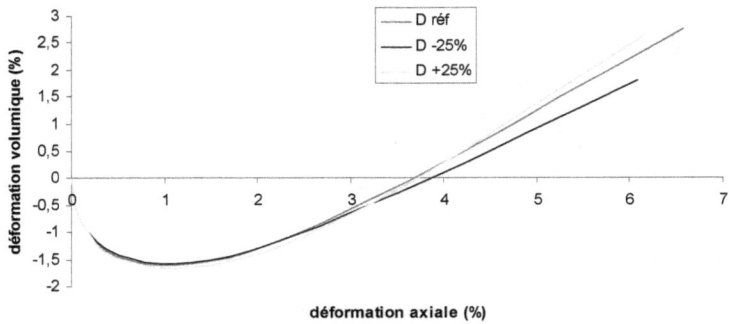

Figure A2.10 : Influence de D **sur la courbe** $(\varepsilon_v, \varepsilon_1)$

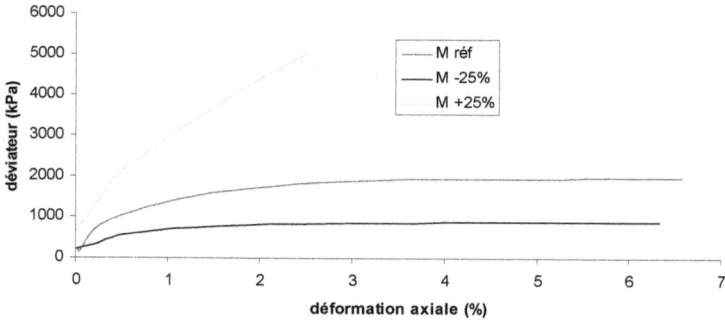

Figure A2.11 : Influence de M **sur la courbe** (q, ε_1)

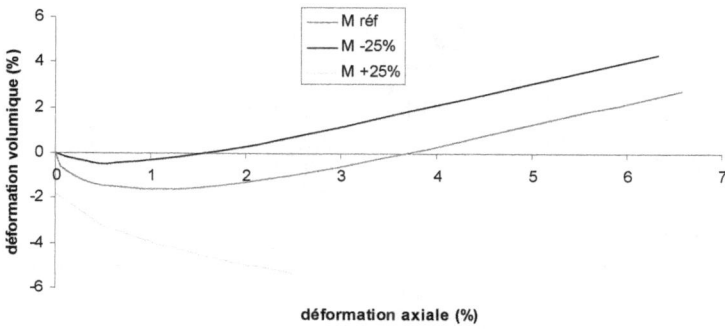

Figure A2.12 : Influence de M **sur la courbe** $(\varepsilon_v, \varepsilon_1)$

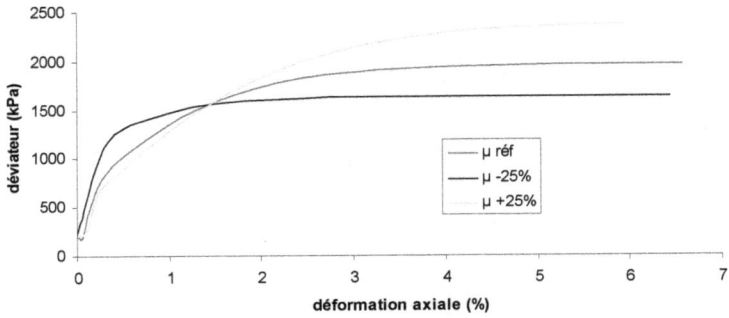

Figure A2.13 : Influence de μ sur la courbe (q, ε_1)

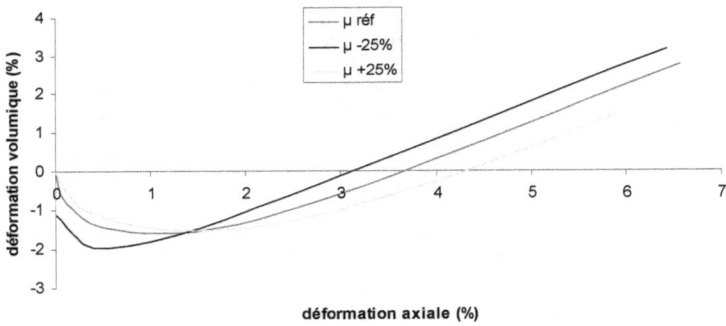

Figure A2.14 : Influence de μ sur la courbe $(\varepsilon_v, \varepsilon_1)$

Annexe 3 :
Résultats des simulations des essais triaxiaux selon les valeurs « nominales » des paramètres de la loi de Nova

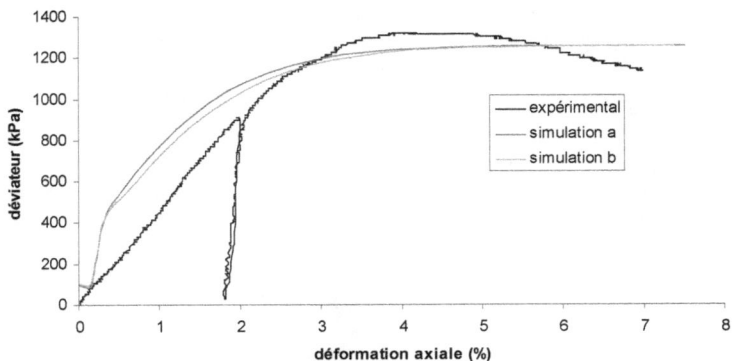

Figure A3.1 : Simulation de l'essai triaxial drainé E11 :
Évolution du déviateur

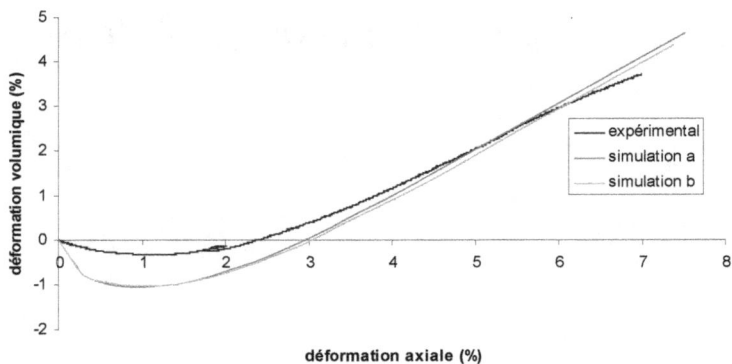

Figure A3.2 : Simulation de l'essai triaxial drainé E11 :
Évolution de la déformation volumique

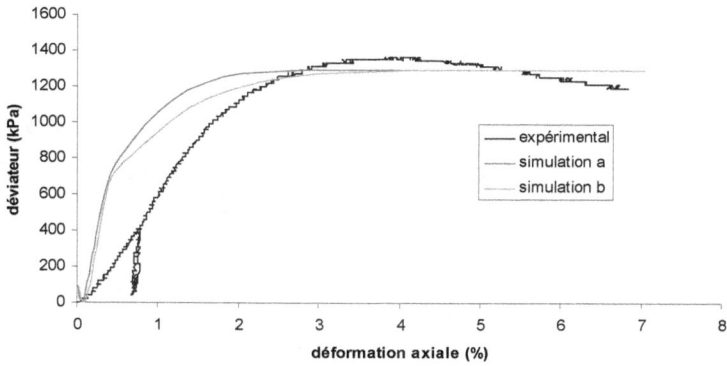

Figure A3.3 : Simulation de l'essai triaxial drainé E12 :
Évolution du déviateur

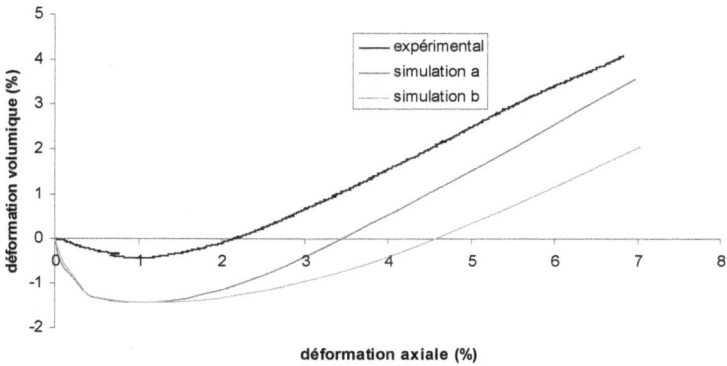

Figure A3.4 : Simulation de l'essai triaxial drainé E12 :
Évolution de la déformation volumique

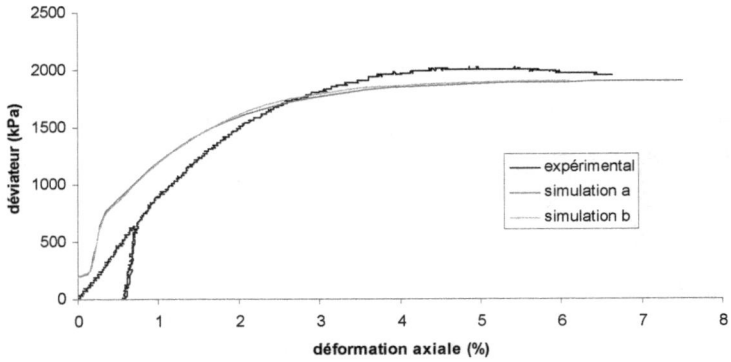

Figure A3.5 : Simulation de l'essai triaxial drainé E21 :
Évolution du déviateur

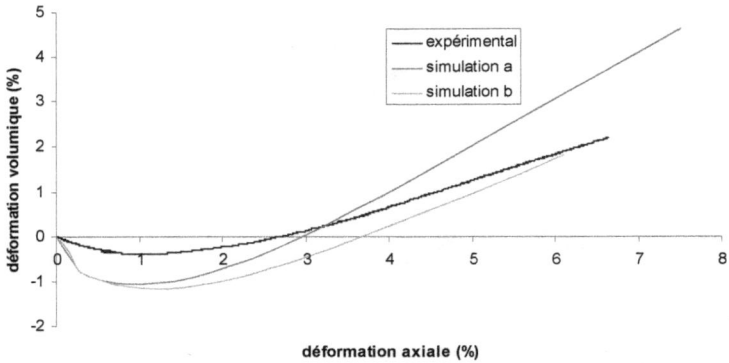

Figure A3.6 : Simulation de l'essai triaxial drainé E21 :
Évolution de la déformation volumique

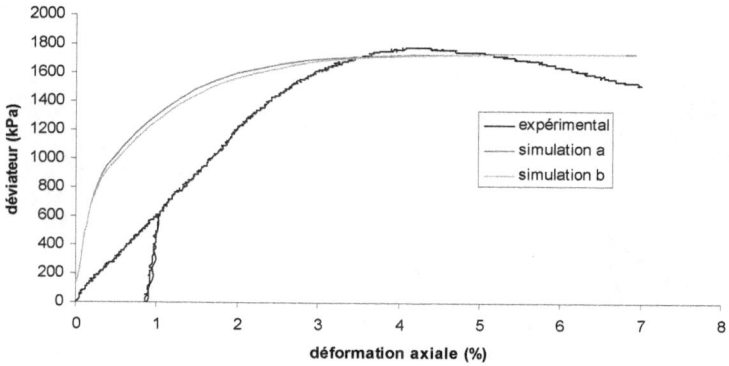

**Figure A3.7 : Simulation de l'essai triaxial drainé E22 :
Évolution du déviateur**

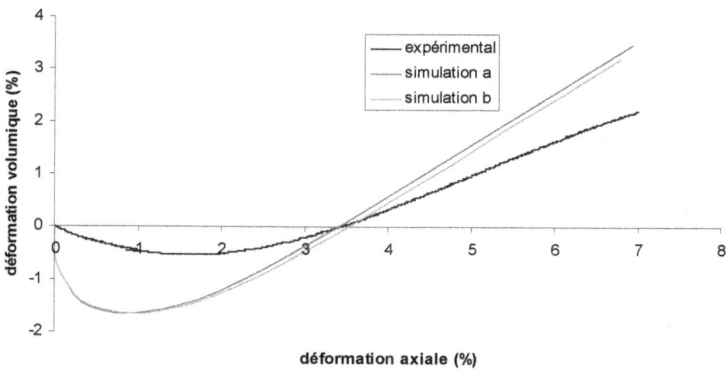

**Figure A3.8 : Simulation de l'essai triaxial drainé E22 :
Évolution de la déformation volumique**

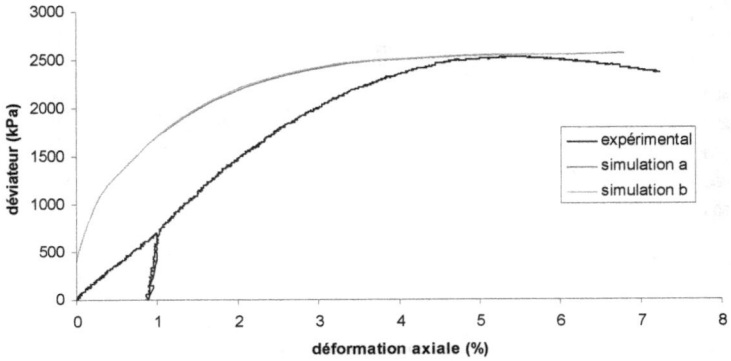

**Figure A3.9 : Simulation de l'essai triaxial drainé E31 :
Évolution du déviateur**

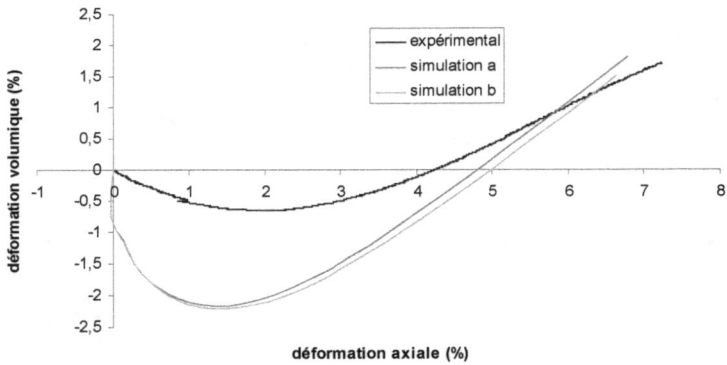

**Figure A3.10 : Simulation de l'essai triaxial drainé E31 :
Évolution de la déformation volumique**

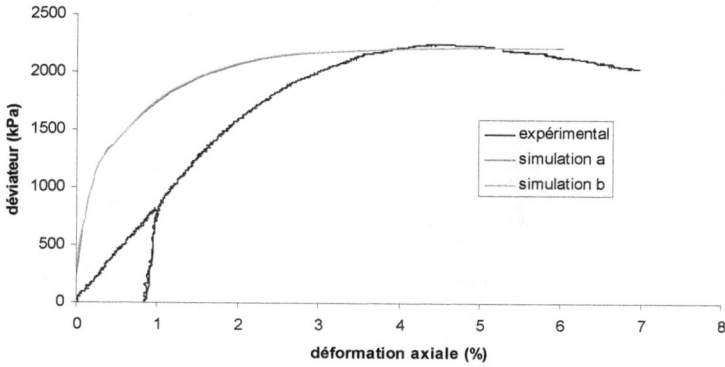

**Figure A3.11 : Simulation de l'essai triaxial drainé E32 :
Évolution du déviateur**

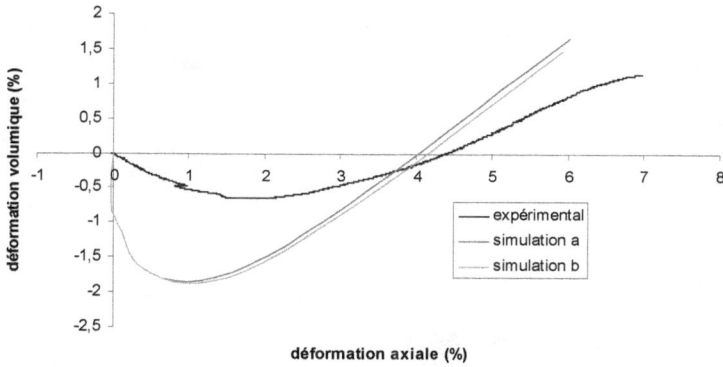

**Figure A3.12 : Simulation de l'essai triaxial drainé E32 :
Évolution de la déformation volumique**

www.ingramcontent.com/pod-product-compliance
Lightning Source LLC
Chambersburg PA
CBHW021030210326
41598CB00016B/969